釀酒

米酒、紅麴酒、小米酒、高粱酒、水果酒、蔬菜酒，釀造酒基礎篇

Contents

2015 年對我而言，是一個無法預知大變動的一年。2014 年中因同時間在桃竹苗開班接了 4 個勞動部失業者職業訓練班而第一次感到身心超過負荷，從星期一到星期五，每日 8 小時都在上課，連星期六、日要採買上課所需的新鮮食材及應付其他臨時突發狀況，生活毫無品質可言。好不容易熬到去年底完成計畫結案，才下定決心今年要減班，找回生活品質，並安排自己與古老師去穀物研究所充電，加強有關米麵食的專業課程，為推廣客家米麵食作更札根的工作，也準備安排到國外充電。不幸 3 月時逢父親住院突然意外病逝，頓時感到人生的缺口已無法避免。5 月份時，意外接到幸福文化對此書有興趣，感慨世間的無常，原規劃預定明年才要好好自費改版的釀酒實務這本書，就這樣因幸福文化的資源提前來完成。這一路走來要感謝古麗麗老師協助拍照及潤稿工作，才得以提前出版。

釀造是一門複雜、多變化的生活技能。也是很能享受成就感的專業知能。本書各章節所述各項產品的操作工藝及流程是設定在一個比較標準的環境下進行。諸位讀者在進行實務操作過程中，隨著原料、菌種、溫濕度及周遭環境之改變，會有不同的結果。此乃必然現象，不必緊張或擔心，建議您在嘗試實做的過程，可逐一修正並記錄下來，成為特有的方法或成果。一分耕耘就一定會有一分以上的收穫。如何在釀造領域中，獲取一份真正屬於自己的成就，就要靠你自己。本書除了給讀者專業啟蒙的理論實作參考外，本身在桃園市新屋區有自設合法的「今朝釀酒工作坊」，早期定位在客家酒廠，除有實作場地及雙層窯烤爐外，也另設有一間「幸福傳承手作教室」，可容納 30 位學員，作為釀酒、釀醋、釀造、釀漬、米麵食的學術科研習。提供更專業、更精進的經驗傳承及異常問題處理方式之系列課程，有意願及興趣的讀者或有意願外聘相關講師的單位，歡迎來電洽詢，或直接加入釀造家族的 line，我的 ID 是 0933125763，或利用 mail：g4970937@gmail.com 交換意見。

徐茂揮

民國 95 年因對釀漬有興趣，因緣際會加入了徐茂揮老師的釀造團隊後，才真正的有系統學習釀酒、釀漬。從一張白紙到融會貫通，從酒廠參與實作培訓到職訓中心協助徐老師當助教，經過多年的努力，也經歷過一段學習實務的漫長日子才升上講師。

剛開始學釀酒真的是比較辛苦，當時的資訊沒有現代這麼方便，所以更能放空自己，一切就從學習模仿開始。在酒廠的日子正好可從做中學，學中做，上手之後就能觸類旁通。在職業訓練教學的日子是一種分享，正好是「中華釀造協會」與「勞委會」的楊梅職業訓練中心做釀造課程的產訓合作，經歷了 3 年的磨練，終於在委外的職業訓練課程、部落大學、社區大學、社區團體的教學上更得心應手。有心的讀者相信您會做得比我更順暢。

另外我要向讀者說明的是，技能是靠觀摩、學習、應用而來。若想要技術札實一定要自己親身下去做，從做的過程找出適合自己的方法，這才是學習之道。在釀漬的領域，我的經驗是：趕快抓住機會向懂技術的長輩學習，也許家中有長輩或多或少會傳授一些技巧，如果夠用，當然是最好，如果感覺不夠，一定要想辦法再自我充實精進，但是要注意在精進的過程中，好學不倦是一件好事，不要覺得太煩人。

很高興徐老師的第一本釀酒書終於完成改版，在早幾年前他就一直想要做這件事，但因一直承辦職業訓練課程，擔任計畫主持人又兼任主要授課講師，因此延誤，新版的釀酒書相信對有興趣的您一定有幫助。

古麗麗

　　作者自 2002 年 6 月出版第一本《台灣民間釀酒實務》時，主要是因應政府鬆綁實施已久的菸酒專賣制度，終於正式開放台灣民間家庭可在一定數量規範下合法釀酒，並可籌設合法的酒莊或酒廠。當時學術界或民間充滿不分享釀酒技術的私心氛圍，而民間對釀酒生產的知識技術或常識有迫切地需要，常常面臨學員和朋友對求知慾與解惑的需求，故利用到大陸所學的釀酒技術與人脈，結合當時台灣民間的釀酒技術，整理出版第一本釀酒實務書。主要方便推廣釀酒教學，解決學員們的困惑，以圖文並列紀錄現況或分享心得，並且當做職訓、農會、社團教學的講義參考用書。故只在「豐年社」及「今朝酒廠」有販賣，一般的讀者可能都是從我教過的學員或圖書館館藏，才知道此書能透過郵局劃撥的方式購買。相信當時此書應該讓不少人對釀酒有不同程度的啟發認知與實務歷練。

　　由於法令不斷的修改，釀酒知識不斷的改進，操作工藝、設備也不斷的創新，故打算要再版前書。為服務讀者、曾有緣與我學習過的三千多名學員及再度自我挑戰，決定重新編寫台灣民間釀酒實務，將過時的理論、技術及新的法令重新編排。釀酒實務的操作方法，經過這幾年自設酒廠或協助它廠設廠的實務經驗及授課實務經驗，更能精準的紀錄操作生產過程，讓讀者直接參考模仿應用，對舊讀者而言又是一個新的、正確的參考資料，並考驗是否能隨著我的修正方法而自我突破。對新的讀者而言，更能快速

地模仿進入量產狀態，學會安全、正確又簡易的釀酒技巧，破除很多故弄玄虛的做法，讓自己輕鬆地做出好酒來。

釀酒原本就是一種傳統的生活技能，也是一門飲食藝術。入門可以非常簡單，但很多人可能為了提高自己的身價而弄得太複雜，但若要穩定維持成品品質並達到相當水準是一件不太容易的事，所以有心的人一定要多交流，多參加研習，更要多去嘗試、多紀錄，且不吝分享，如此釀酒技術才會進步。

出版此書的目的不是要鼓勵讀者做私酒販售，主要是希望大家在傳統的生活技能上能學會自己做出安全喜歡的酒，或可立即判斷出酒品是否安全又好喝，至少能學習判別好酒與劣酒，保障自己及親友的健康，進而利用好酒聯絡感情，增進美滿生活。

台灣民間可合法的釀酒，法令上已明文允許每一戶家庭釀酒的成品及半成品合計不超過 100 公升，且是自用，沒有販售的營業行為。但如何拿捏生產量，請讀者一定要跟著法令走，以免被罰款（目前已取消刑罰，不會被判刑被關，若做劣酒、仿冒酒則例外）。如有可能，請先學會釀酒技術後，依據發酵的原理繼續學習釀造醋技術（不是浸泡醋技術），如此可以造福更多的人，增加自己的生活樂趣及經濟收入。

Chapter 1

酒的基本認識

生活裡的酒香

酒的起源說法很多種，全世界各民族都有他們的一套見解，就像火的起源一樣，到最後重要的是在於人如何掌握、如何應用。

相傳酒是由一群猿猴所發現。古代的獵人常常發現一群猿猴住在山洞中，經常攜帶啃過的水果進入山洞，出洞時，走路東倒西歪，或走幾步路就倒在洞口的地上，像死掉一樣動也不動，但過沒多久又活蹦亂跳。有一天獵人好奇的進入山洞看個究竟，發現山洞中有一個凹的平台，上面堆著半腐爛的水果，凹槽中充滿刺鼻的液體，散發出水果香氣，只見猿猴們一口接一口的喝下，喝越多就越興奮地手足揮舞，然後倒地不起，一段時間後又看見牠們爬起來活動。後來獵人裝了一些液體並帶回村落與族人研究，確定不會有害身體，才依樣收集水果複製，找出製造酒的方法，這就是猿酒，也是酒的發現。回想早期民間普遍流行的阿嬤葡萄酒不就是如此產生的嗎？

也有另一種說法，原始人類在深山森林中以採摘野食為主，在夏秋季節，將吃剩的果實隨便丟棄，落在岩洞石頭縫隙中，最後自然發酵成酒。受到這個啟發而逐漸有意識地利用野果來發酵釀造水果酒，飲之香味異常，稱之猿酒。

其實中國古書記載酒的起源應該是黃酒，在龍山文化時期（公元前2800年至公元前2300年）的古書《世本》中記載有：「儀狄始作酒醪，變五味。」，儀狄為夏禹時代的人。另在《事物紀原》中有：「少康作秫酒之記載」，而少康即是杜康，是殷商時代的人。白酒，是蒸餾器發明後，在黃酒的釀造基礎上發展而來，在明朝李時珍《本草綱目》中寫道：「燒酒非古法也，自元時創其法。」也有考古專家認為燒酒即為白酒，起源於唐代。

在酒類中，釀造酒的用途最為廣泛，不僅具有一般酒的飲用功能，還有其他多方面的用途。

飲用方面，釀造酒的香氣較濃郁，酒性因酒精度低而較溫和，營養也保存較豐富，各地都有因原料不同而生產不同的酒品，代表了當地多元的飲食資產。

調味料方面，酒中含有不少胺基酸等呈味物質，在烹調食物中，酒不但可去腥味，而且可增加食物的鮮美味。

藥用方面，在中國，黃酒有百藥之長的美稱，是醫藥上很重要的輔佐藥，或俗稱藥引子。中藥處方中常用黃酒浸泡、燒煮、蒸灸某些中藥材或調製成各種藥酒，具有藥用價值與保健價值，冷喝有消食化積和鎮靜的作用，熱飲能驅寒去濕、活血化瘀，對腰酸背痛、手足麻木和震顫、風濕性關節炎、跌打損傷有益。

酒的定義

所謂「酒」，我國的法定定義是指以容量計算含酒精成分，超過 0.5％之飲料和其他可供製造或調製飲料之未變性酒精及其他製品。

像市場上賣的現泡海尼根綠茶，看似綠茶飲料，其實是一種酒的飲料，因為實際的酒精度含量皆超過 0.5％才會好喝，所以有一段時間可看到下課後學生在學校旁的飲料店喝綠茶飲料，結果滿臉通紅。這種飲料的酒精度超標，經過報章雜誌報導後，曾消失一段時間。

目前台灣只有「甜酒釀」是唯一含酒精的食品（甜酒釀內含酒精度至少 3 ～ 5 度以上），被政府合法歸類為食品，而不是以酒類管理或以

酒類課稅來處理。另一種從日本傳過來的「味霖（味醂）」產品（味霖酒精度含量在 0 ～ 40 度皆有），目前在市場上仍屬於灰色地帶，一般的說法是，若味霖用在料理當作調味品則不以酒類課稅；若直接當飲料喝，則須課酒稅。因為味霖的前身就是日本江戶時代的甜酒，直接喝或做料理皆可。

酒的分類法

酒的分類大致可用原料來分類，有所謂的穀物酒，也就是用穀物類為原料所釀的酒，這種酒基本上就是國外用澱粉質原料所釀的酒；另一種是用水果類為原料所釀的酒，通稱水果酒，在國外歸納於用糖分為原料所釀的酒。也可用工序來區分，這個部分的敘述我覺得比較完整性：

釀造酒：將澱粉質或糖類原料發酵完畢，用壓榨的方法，將汁、渣分開，再過濾或澄清處理，這樣的酒稱為釀造酒（即發酵原酒，也叫壓榨酒），例如：黃酒、紹興酒、馬祖老酒、女兒紅、紅麴酒、葡萄酒。這種的釀酒方式不需太多的工具設備，較適合家庭式釀酒，而且營養成分較易保存下來。

蒸餾酒：如果用蒸餾方法取得較高酒精度的酒液，叫蒸餾酒。通常把釀造酒加以蒸餾而得到清澈透明的高度酒，一般酒精含量較高，例如：高粱酒、五糧液。這種製酒一定要先經過釀造的過程，然後再經過特製設備的濃縮、分離、萃取而變成一種清澈透明有香氣的液體。由於酒精度高可以保存常久。

配製酒（又稱再製酒或合成酒）：一般以釀造酒、蒸餾酒或食用酒精配以香精、藥材等製成的，例如：藥酒、五加皮酒、養命酒。它是利用單

一或混合基酒作酒引，加入研發的配方來創新或改變口感、色澤、風味和機能的調合酒。

台灣以課稅為基礎的酒之分類方式

啤酒類——例如：台灣啤酒、鳳梨啤酒、蜂蜜啤酒。

水果釀造酒類——又分葡萄酒、其他水果酒。例如：黑后葡萄酒、金香葡萄酒、桑椹酒、梅子酒。

穀類釀造酒類——例如：紅麴酒、紹興酒、黃酒。

其他釀造酒類——例如：蜂蜜釀造酒。

蒸餾酒類——又分白蘭地、威士忌、白酒、其他蒸餾酒。例如：金門高粱酒、米酒、太白酒。

再製酒類——例如：五加皮酒、茶酒、藥酒。

米酒類——例如：米酒頭、清酒。

料理酒類——例如：料理米酒、料理紅麴酒。

酒精類——又分食用酒精、非食用酒精。例如：優質酒精，精製酒精。

其他酒類——例如：蜂蜜酒。

Chapter 2

釀酒的原理

～・ 酒的概論 ・～

如果要深入了解酒，一定要先瞭解其原理，可以從化學的結構式開始。

酒精：學名乙醇、俗名酒，一般是用含澱粉或含糖的物質為原料，經發酵法製得。

$$C_{12}H_{22}O_{11} + H_2O \xrightarrow{\text{糖化}} C_6H_{12}O_6 + C_6H_{12}O_6 + 18.8KJ$$

蔗糖　　　　水　　　　　　葡萄糖　　　果糖　　　熱能

$$C_6H_{12}O_6 \xrightarrow{\text{酒化}} 2C_2H_5OH + 2CO_2 + 93.3KJ$$

葡萄糖　　　　　酒精　　　二氧化碳　　熱能

酒精度：係指酒液的溫度在攝氏 20 度時，每 100 ml 酒液中所含純酒精的毫升數。（現在用攝氏 20 度為基準已是國際標準，日據時代公賣局是用攝氏 15 度做基準。使用儀器、折光計或溫度與酒精度的換算表時要注意其基準）

"例如：高粱酒是 53 度，也就是說在攝氏 20 度時 100 ml 酒液含純酒精 53ml（即 53％）。通常市面上的飲用酒一般不超過酒精度 65 度，在大陸最高有 67 度，如果過高就不適於飲用。一般的釀造酒自然發酵的酒精度大都在 19 度以下，例如台灣小米酒酒精度在 9 ～ 11 度，釀造葡萄酒酒精度在 12 度，糯米酒酒精度在 16 度，紅麴酒酒精度在 16 度，紹興酒酒精度在 16 度。如果要高於酒精度 19 度以上的釀造酒，大都必須用調整的手法來提高產品的酒精度，例如很多用來調酒的進口水果酒，

其酒精度都定在酒精度 25 度，除產品不容易變質外，應該是考慮調和比率的方便性。"

色酒：是酒液帶紅、黃、綠等顏色的酒。白酒，酒液無色，一般酒度較高，辛辣刺激味較重，像高粱酒、二鍋頭。有人直接把蒸餾過的酒通稱為白酒，代表是蒸餾酒。不論甚麼酒，發酵過程有無顏色，只要經過蒸餾，所得的酒都變成是清澈透明，稱為白酒，而不是因為酒的顏色是白色而稱白酒。沒有經過蒸餾過程所釀造過濾出來的酒，因存放的時間久，酒液顏色會偏黃，通稱黃酒。也許開始時釀造酒的酒液是澄清的，如日本清酒，但經過熟成階段，酒液自然會變黃，逐漸褐變成茶色。所以早期公賣局的紅露酒、黃酒、紹興酒都歸屬於黃酒系列。

酒度高低：高度酒，以酒精度 40 度以上；中度酒，酒精度 20 ～ 40 度之間的；低度酒，酒精度 20 度以下。而酒的甜與不甜，主要決定於酒液中含糖分的多少或在發酵過程的殘糖量多寡而定。故有些甜度來自於發酵中酒醪的含糖殘量，但大部分採用外加入，較好控制。

例如台灣傳統的阿嬤葡萄酒，靠水果原本含有的天然酵母菌來發酵，也就是用【1 斤水果 4 兩糖，一層水果一層糖】的方式釀造水果酒。釀造出來的酒精度通常因天然的酵母菌不夠強或發酵缸內加入的糖分太多而影響發酵，發酵後酒精度約在 9 ～ 12 度，而發酵缸剩下的糖分就是葡萄酒的甜度。

"最簡單的算法是，成熟葡萄可釀酒時一般自然的甜度大都在 14 度以上，加上自釀葡萄酒時，又都會外加 25 度糖（1 斤水果加 4 兩糖，糖的比率為 25％），等於釀酒時糖度總合

計有 39 度，由於釀出酒精度是 9 度，等於只耗去約 18 度的糖，故 39-18=21，此時釀好葡萄酒內仍剩 21 度糖，所以喝起來甜度很高。如果釀酒時出酒不多，酒精度不高，則殘留的甜度就更甜，這就是傳統葡萄酒與進口葡萄酒最大的差異。"

釀酒要點

原料要選對

俗話說：「糧是酒之肉」，可見釀酒原料與酒質的關係。事實上，不同的原料釀出的酒固然會不一樣，但就算是同一種原料，由於品種和品質不同，酒質和出酒率也會有差異。釀酒原料的選擇要優先考慮到原料內澱粉質含量的多寡或糖分的多寡，這些與原料的轉化酒率會有相關。

台灣民間最常碰到釀小米酒時，本來應該用糯小米做釀酒原料，卻因對小米的品種認知不夠而買到給小鳥吃的沒黏性的秈小米，自然造成發酵狀況不好，酒氣不香，出酒量低，甜度不夠，酒精度不高的現象。同樣花時間花成本去釀造，卻釀不出令人想念的滋味。

酒麴要加對

酒麴的種類直接影響到發酵率、出酒率及酒品風味，進而影響到成本。早期因生物技術較不發達，人們思想較保守，認為這些酒麴都是獨門絕技，只可以傳子傳孫，不能流落出去，形成很封閉的市場，所以各地的酒麴製作技術就出現百花齊放和各說各話的情形。但是經過專家的研究發現，酒麴的製作不是那麼複雜，很多酒麴添加多種中藥材，其實有添油加醋的感覺，對釀酒出酒率或香氣的增進不一定有幫助，但可防止競爭對手抄襲、複製以及

重要元素外流。若無法分辨真假，會讓後代子孫相當困擾。

季節要合宜

古代認為季節氣候很重要，因為季節氣候不同，自然界分布的微生物群的種類和數量都有差異，現代則認為控溫很重要，故古人有夏天釀醋，冬天釀酒之說。我這幾年碰到的實例中以紅麴酒最為明顯，如果有恆溫設備一年四季都可以釀酒。但若要靠自然天候的方式來釀酒，在端午節之後、中秋節之前，這段時間即使是採用同樣的原料釀的紅麴酒，因季節不對、氣候溫度偏高，基本上都是偏酸，口感不好，尤其初學者釀酒失敗的概率較高。但若在中秋節以後才開始釀，釀出來的酒卻會是偏甜，酒的質感也會不同，初學者會有隨便釀都會成功的成就感。

操作要潔淨

避免雜菌感染，操作人員對食品的衛生安全觀念是否能落實，工作場所是否保持乾淨，都會影響酒的發酵品質。早期釀酒常會有餿水味，除了使用的酒麴因素外，與原料的乾淨度及環境衛生有關。因為很多人仍存有釀酒最後要經過蒸餾的觀念，等於最後都要殺菌過，所以認為洗不洗米並不重要，其實洗米是釀出好酒的一個很重要的關鍵。

早期在高山上，水蜜桃結果實的季節，除了果農的正常理果外，常有自然落果或被動物損害的落果，果農就撿起來丟入塑膠桶中，依比例加些糖，就在水蜜桃樹下用自然發酵法釀酒，等農忙期過後再去蒸餾成水蜜桃露（酒），這些酒的成品好壞跟操作潔淨有非常大的關係。

水質要處理

釀酒利用的菌種，例如根黴菌、酵母菌或日本用的米麴菌，都是很敏

感的微生物，水裡稍有雜質，就會影響它們的生存與活動。俗話說「水是酒的血」，所以歷年來釀酒者都很重視釀酒用的水質，要求無臭、清爽、微甜、適口。從化學成分上說，釀酒需呈微酸性，有利於糖化和發酵；總硬度要適宜，才能促進酵母菌的生長繁殖；有機物和重金屬等均以少者為好。水中含微量礦物質，有利於釀酒微生物的生長。

　　"記得 2001 年在基隆八堵的山上，有位學員就利用山泉水與自來水做比較來釀酒，用山泉水釀酒都沒問題，但是會存在山泉水的源頭是否乾淨的疑慮，而用自來水則會面臨自來水公司所放的氯是否濃度太高而影響酒麴發酵的疑慮。例如每次颱風過後就會發現酒釀不起來，原因是水會較濁，自來水公司就會多加一些氯來殺菌，用這樣的水質釀酒，若酒麴效能不強，就會失敗。後來發現只要多準備幾個水桶就可以解決，利用水桶儲水曝氣一個晚上，氯氣會揮發掉，就會達到可釀酒用的水質，現在更簡單，只要用可以喝的過濾水，就可以安全方便的去釀酒。"

器具要適用

　　器具要適用精良，大小適中。設備材質如不精良，很可能會發現酒中含鉛。釀酒過程基本上都是人在操作控管，所以設計採購釀酒設備用具就必須符合人體的需要與方便性，大小、高度、動線流程要符合時代的需要才不會被淘汰。例如在日據時代的台灣，一般民間私釀酒使用的蒸餾設備都是鋁製的天鍋，方便蒸餾器凹折成型，也較輕便，後來因為鋁製品會造成老人痴呆症而被不銹鋼製品取代。

火候要適宜

溫度控制要適宜。不管是發酵過程或是蒸餾的火候都要注意。黴菌、酵母菌活動最適當的溫度是 30℃ 左右，溫度過高或過低都不利於黴菌和酵母菌活動。發酵過程的溫度、濕度控管，或後期發酵的管理都會影響酒質。

　　"在台灣最常碰到接菌（佈菌撒酒麴）的溫度沒控制好，因為許多釀酒書或老師傅交代「釀酒佈菌要等到飯攤涼後才可佈菌」，結果常因溫度不夠，酒麴菌力道不足，初期競爭不過雜菌的生長力，而長出其他雜菌，影響麴的風味及糖化能力，最後自然影響出酒率及品質。"

　　正確的是要依當下使用的微生物特性，在最佳生產及發酵條件下接菌佈菌，讓它在最有利的環境溫度下快速生產成為優良菌種，其他雜菌自然就無立身之地，這也是為什麼在同樣的原料下，仍會產生相當大的差異。

⌒⌒ 酒如何保存 ⌒⌒

　　一般來說，酒的保存以陶瓷甕缸最好，玻璃容器次之，不銹鋼容器再次之，臨時裝酒可用塑膠材質。但要注意酒精度的高低與裝好停留的保存期限。

　　"前幾年台灣菸酒公司出產寶特瓶裝米酒，米酒酒精度 20 度或 19.5 度，主要考量應該是為了降低包材成本、運輸成本及瓶罐回收的問題。當時用寶特瓶裝的保存期限只敢打上一年，使用玻璃瓶裝同樣酒精度數的米酒，它的保存期限就打上

無限期。讀者不妨可以去觀察，用寶特瓶裝的市售低度米酒，一年內基本味道不變，一年以上就開始溶出塑化劑的味道，酒的風味也逐漸不對，如果放入 40 度以上的高度酒，3 個月後酒的風味可能就會改變，所以塑膠容器只能用於短期盛裝，千萬不要拿它做酒的保存。"

酒盡可能不要存放在不鏽鋼以外的金屬器皿中，即使用不銹鋼容器也最好是 304 或 316 耐酸鹼材質。因為酒中含有的有機酸對金屬有腐蝕作用，會使酒中的金屬含量增加，不利於人體健康，所以現在酒類的衛生標準中有一項鉛的檢查，酒中產生的鉛大部分來自酒的儲存容器；另外酒中的水與金屬接觸也易引起氧化，因而降低酒的香氣以及使酒變色。而且須避開易燃、易爆物品與光線。

一般檢查酒是否有變壞，可以先看酒液是否逐漸變渾濁、液面有無薄膜或味道是否變苦或變酸。如酒液嚴重渾濁，表示酒已被雜菌污染，開始出現轉壞的現象。如果表面有薄膜，表示有其他菌存在，薄膜是透明或果凍狀，大都是醋酸桿菌污染，酒會變酸，會往釀造醋的方向改變；薄膜是絨毛型，大都是黴菌污染，酒液會逐漸變濁，發臭，口味會變苦變酸或有異味，表示酒已變質。

酒中的有害成分

雜醇油

雜醇油是在製酒的過程中由蛋白質、氨基酸和醣類分解而成。主要成分是異戊醇、戊醇、異丁醇、丙醇、異丙醇、己醇和庚醇等。它們有強烈

的氣味，它又是白酒的芳香成分之一，也因此造成不同品種的酒，甚至是同一品種或同一酒廠各批酒品質互有差異的因素之一。

原料中蛋白質含量多時，酒中的雜醇油含量也高。但含量過高，對人體有毒害作用，使神經系統充血、頭痛，就是人們常講的「上頭」，且酒格也不正。

雜醇油對人體的中毒作用及麻醉力比乙醇強。例如雜醇油中的戊醇的毒性比乙醇約大 39 倍。它在人體內的氧化速度卻比乙醇慢，在人體內停留的時間也較長。

雜醇油中各種成分的沸點一般都高於乙醇，例如丙醇為攝氏 97℃，異戊醇為攝氏 131℃，而乙醇只有攝氏 78℃，所以作為飲料酒，在蒸餾時要掌握好蒸餾溫度，超過乙醇沸點以後的蒸餾物要除去，以減少成品酒中雜醇油的含量。

醛類

製酒的發酵過程中或酒精酸敗時，部分的醇能氧化成醛類。酒中的醛類，有低沸點的如甲醛和乙醛等，有高沸點的如糠醛、丁醛、戊醛、己醛等。醛類的毒性比醇類大。人們常用來消毒和固定生物標本的「福馬林」液，就是 40％的甲醛水溶液。如果每升酒液中含量 30mg，對黏膜就產生刺激作用。

醛類急性中毒時，會出現咳嗽、胸痛、灼燒感、頭暈、意識喪失和嘔吐等現象，有時還有胃管及腸胃疼痛的症狀。

為減低酒中的醛類含量，在蒸餾時要嚴格控制溫度，除去最先和最後蒸餾出的酒液，在蒸餾實務上即所謂「掐頭去尾」或稱為「去甲醇」，最

好酒精度 10 度就斷尾。

甲醇

俗稱「木精」，是一種無色易燃的液體，可以無限溶於酒精和水中。

酒中的甲醇，有可能是原料中含有的果膠質經水解及發酵而成。用果膠質較多的原料釀酒，成品酒中的甲醇含量也相對會增加，用一般的原料釀酒，也會產生一定量的甲醇。

甲醇對人體有毒害，純的甲醇 60 ～ 250ml 之劑量可致命。它在體內有蓄積作用，不易排出體外，其氧化的產物為甲酸或甲醛，毒性更大。甲酸的毒性比甲醇大六倍，甲醛的毒性比甲醇大三十倍。這就是為什麼極小量的甲醇有時也能引起中毒的原因。

急性中毒的主要症狀是頭痛、噁心、胃部疼痛、衰弱、視力模糊，繼而可能發生呼吸困難、呼吸中樞麻痺，甚至死亡。幸而恢復過來，也常發生失明。慢性中毒主要表現是黏膜刺激症狀，眩暈、昏睡、頭痛、消化障礙、視力模糊和耳鳴等。

一般植物的果膠物質在過熟的腐敗水果、白薯、白薯皮、糠麩、馬鈴薯以及野生植物（如橡子）中含量都較多，若用以釀酒，如不能有效降低甲醇含量，則不適於飲用。

氰化物及鉛等

酒中還可能含有一些別的有害物質，如用木薯、野生植物等釀酒時，由於原料中有氰或氰化物，就可能帶入酒中。

氰化物有劇毒，中毒輕時流涎、嘔吐、腹瀉、氣促；嚴重時呼吸困難、

全身抽搐、昏迷，在數分鐘至兩小時內死亡。

　　鉛是對人體有毒的金屬，慢性鉛中毒的主要症狀是頭痛、失眠、肌肉萎縮、皮膚蒼白、視覺障礙、腹痛等，晚期可引起腎炎、動脈硬化，最後可發生尿毒症死亡。急性中毒時口渴、流涎、噁心、嘔吐、陣發性腹絞痛、頭痛、抽搐、癱瘓、昏迷、循環衰竭等。

　　酒中的鉛來源，主要是由蒸餾器、冷凝導管、儲酒容器中的鉛經溶蝕而來。不需蒸餾和冷凝的酒，例如水果酒，本不應含鉛，但如摻了白酒，很可能把白酒中的鉛帶進來。所以為了降低酒中鉛的含量，應盡可能用不含鉛的金屬來製作器具設備和盛酒。

微生物

　　微生物是在我們日常生活的環境中無所不存在的東西，尤其在食品衛生上一直威脅著人類，如何善用有益微生物，抑制有害微生物一直是重要的課題。酒類在生產過程中，常利用原料的選擇搭配、環境或原料的溫度與濕度控制、設備大小、空氣量的多寡，來幫助有益釀酒的微生物大量繁殖進行發酵，相對就能抑制有害的微生物生長。而葡萄酒和水果酒釀造中，很容易被雜菌侵蝕發生敗壞，國外釀酒專家常喜歡加入一些二氧化硫，可以抑制雜菌生長，還可以對酒起預防氧化的作用。但如二氧化硫使用量過多時，則對人體有害。

　　所以為了保證飲用者的健康，對於酒中的雜醇油、醛類、甲醇、氰化物、鉛及二氧化硫含量，都不允許超過標準。每一種酒生產出來之後，要經過詳細檢驗，各項衛生指標符合要求，才能投放至市場。自己釀亦如此，對原料的選擇、清潔、環境的控管與設備都要隨時注意與要求，有好的投入才能產出好的酒來。

引起酒敗壞的微生物

引起酒敗壞的微生物，主要為野生酵母、黴菌和醋酸菌（Acetobacter）、乳酸菌（Lactobacillus）、乳酸鏈球菌（Leuconostoc）、微球菌（Micrococcus）和球狀菌（Pediococcus）等屬細菌。

影響酒中微生物生長的因素

酸度或 PH 值：酒的 PH 值越低越不易損壞。容許微生物生長的最低 PH 值，依微生物、酒的種類及酒精含量而異。當 PH 低至 3.3～3.5 時乳酸菌仍可生長。

糖的含量：含 0.1% 糖以下的酒，因含糖量低，很少被細菌敗壞，但含糖量達到 0.5～1% 時，則易於敗壞。

酒精濃度：微生物對酒精的耐力，依其種類而異。14～15% 的酒精可抑制醋酸菌對酒的敗壞。酒精超過 14% 時可抑制乳酸鏈球菌。達 18% 時，可抑制雜發酵性乳酸桿菌（例外可忍受到 20%）；達 10% 時可抑制純發酵性乳酸桿菌。

生長所需的微生物濃度：醋酸菌可以自製維生素，但乳酸菌卻仰賴外界供給。這些物質的主要來源是酒酵母，附屬生長品存量越多，乳酸菌越易生長，引起敗壞。

單寧（Tannins）濃度：單寧與明膠（Gelatin）可加入酒中作澄清劑，阻礙細菌生長。

SO_2 的存量：一般加上 75～200ppm 的 SO_2 足可阻止微生物敗壞。

貯藏溫度：在 20～35℃ 時敗壞最速。當溫度接近冰點時，敗壞力減慢。

空氣的可用度：缺乏空氣，可阻止需氣性微生物如黴菌、產膜酵母和

醋酸菌的生長。但乳酸菌在無氣下，仍可生長良好。

好氣性微生物之敗壞

產膜酵母可以氧化醇類和有機酸，當搗碎的葡萄汁和酒暴露於空氣中時，可於表面生長產生嚴重的薄皮（Pellicle），稱為酒花（Wine Flower）。如果搗碎的葡萄定期混和，隔絕空氣，則不會發生敗壞。

在空氣存在下，好氣的乙酸菌（醋酸菌）如 Acetobacter Aceti（膜紋醋酸桿菌）或 A.oxydans（氧化醋酸單胞菌）在碎葡萄（或其他水果）中，可把醇氧化為乙酸，這是一種不良的反應，稱為乙酸化（Acetification）。也可把葡萄糖氧化成葡糖酸，產生老鼠味或甜酸味。

通氣性微生物之敗壞

釀酒酵母以外的所有野生酵母，可引起不正常的發酵，導致酒精含量降低，產生高揮發的酸、不良味道和混濁現象。這些酵母主要是來自搗碎的葡萄液（或其他水果液），以液面酵母佔優勢。當加入活性的釀造酒酵母後，在發酵前進行巴斯特消毒，並控制發酵溫度等，均可抑制野生酵母的生長。溫度低至 21.1℃ 時，可幫助某些野生酵母和生黏性細菌的生長。

乳酸菌在酒類中是最主要的敗壞性菌，平常可引起酸壞。乳酸係由酒中的葡萄糖和果糖產生的。乳酸桿菌生長結果，可產生絲狀混濁、增加乳酸和乙酸含量，產生 CO_2，有時會發生老鼠味或其他不良味道，因而敗壞酒的風味。果糖發酵後可產生苦味的木蜜醇（Mannitol）。酒中甘油發酵後，可產生苦味（Amertume）。單純發酵性的乳酸菌（L.plantarum）主

要由糖產生乳酸，增加混合酸度，產生老鼠味。

酒的健康喝法

盡可能把酒溫熱再喝：酒加溫之後，一些低沸點之醛類會因熱溫揮發。尤其是釀造的黃酒系列，紹興酒或清酒溫熱喝，會覺得非常舒服順口。

腹中沒有食物勿喝酒：當人胃腸中空無食物，乙醇最容易被吸收，當然也最易醉倒。

盡可能不要多種酒混飲：不同的酒除了都含有乙醇外，還含有其它某些互不相同的成分，其中有些成分，不宜混雜。

不要強勸別人飲酒：強人飲酒，很易出事。

不要用藥酒作宴會用酒：藥酒一般含有多種中、草藥成分，可能與食物中的一些成分發生作用。也不要將藥酒類的酒當作一般飲料酒喝，容易造成人體傷害。

飲酒後切勿浸泡溫泉：因飲酒後體內儲存的葡萄糖，在浸泡溫泉時會被消耗掉，因而血糖呈大幅度下降，體溫也會急遽下降。同時，酒精也會抑制肝臟正常活動，阻礙體內葡萄糖的恢復而危及生命。

真正關心孩子的健康成長，勿教他們喝酒：孩子正處於生長發育階段，口腔、食道黏膜細嫩而管壁淺薄，對各種異物的刺激比較敏感。胃壁也淺薄，消化液的分泌也比成人少；肝組織脆弱，肝細胞分化不完全；神經系統及大腦尚未發育成熟……，酒會導致消化不良，使肝脾腫大，影響肝功能，對大腦細胞造成損害，總之給孩子身心健康，帶來無窮後患，值得特別注意。

嚴格遵守：喝酒不開車，開車不喝酒。

Chapter 3

台灣酒品專門法律用詞定義

　　釀酒或製酒其實是一件不難的事，幾千年以來由祖先傳承下來已有相當的模式可套用，可減少很多失敗的案例。我常把釀酒當作是藝術，而製酒是工藝。藝術較難標準化、大量化，工藝較能達到標準化、大量化。釀酒很像生小孩、養小孩、教育小孩，從出生到長大成人可能一帆風順，也可能因環境因素坎坎坷坷成不了大器。而製酒就像部隊或學校培訓人才，最終都可達到一定的標準化，生產出需要的成品。所以如果有心投入，在釀酒或製酒前一定要多去瞭解酒的知識，可以減少很多操作的困擾。下面的一些專有名詞或許也是法律術語，是許多專家簡單、完整的敘述出它的標準定義，好好的去體會，你會有更上一層的領悟。

　　酒類：係指以容量計算超過 0.5％含酒精成分之飲料，以及其他可供製造或調製上述飲料之食用酒精及其他製品。

〈**說明**〉只要含酒精 0.5％以上的飲料或其他製品，政府就將它歸類到酒類產品，就必須課酒稅，而飲料是課貨物稅，酒的管理稅則及罰則較嚴。

　　酒品：指包含酒類原料、半成品暨成品。

　　釀造酒：指以水果、糧穀類及其他含澱粉或糖分之農產品為原料，經糖化或不經糖化，發酵後而得之含酒精飲料。

〈**說明**〉釀造酒的原料來源主要是含澱粉的原料及含糖的原料。含澱粉的原料必須要經過糖化的作用轉化成糖，發酵變成酒。而水果類本身都含有糖分，如糖分不夠就需外加糖分，直接發酵變酒，最後經過過濾、沉澱就可以喝。

　　蒸餾酒：指以水果、糧穀類及其他含澱粉或糖分之農產品為原料，經糖化或不經糖化，發酵後，再經蒸餾而得之含酒精飲料。

〈**說明**〉釀造酒經過蒸餾作用就是蒸餾酒。這蒸餾酒的製作就會牽涉設備的條件，酒精度的高低調整，酒的色澤變化與要求及風味的調整。最大好處是製作出來的酒不容易壞。

米酒類：係指以米類為主原料，經糖化、酒精發酵、蒸餾、調合或不調合酒精而製成之酒。

〈說明〉法令僅指出以米為原料，並沒有指定要用哪一種米原料或是否可加入其他米原料混合，所以變化多。早期通稱黃酒，傳統是以圓糯米為主原料，主要是其澱粉物質能轉換發酵，效果最好。但目前都是因地制宜，採用當地原料為主。而且定義中提到可以調合或不調合酒精，這表示不是純的米酒製成。

純米酒：係指僅以米類為主原料，採用酒麴或酵素，經液化、糖化或採用阿米洛法，並經酒精發酵及蒸餾所得之蒸餾酒，酒精度 10 ～ 60％（v/v）（含 60 ％（v/v））。

〈說明〉定義中就標明純字，不可外加或調合其他酒精，而且強調採用添加酒麴或酵素發酵原料，而且有液化就是有加水，由糖化作用所釀出。另外也有提到採用阿米洛法，此法的標準定義是：利用機械設備操作，在無菌狀態下培養純粹之糖化菌及酵母菌，使澱粉物質進行糖化發酵製造酒精之一種方法，是日據時代公賣局使用的米酒生產方法。

米酒：係指以米類為主原料，採用酒麴或酵素，經液化、糖化或採用阿米洛法，並經酒精發酵及蒸餾，或再經調合食用酒精而製得之蒸餾酒，酒精度 10 ～ 60％（v/v）（含 60 ％（v/v）），其中由米發酵的酒精部分至少佔總酒精度之 50％以上。

料理酒類：指以釀造酒、蒸餾酒或食用酒精為基酒，加入 0.5％以上之食鹽，添加或不添加其他調味料，調製而成供烹調用之酒。

〈說明〉米酒中，料理酒類的重點是在酒出產時一定要加入 0.5％以上之食鹽，至於添加或不添加其他調味料，較不是重點，調製而成供烹調用之酒。在生活實務上較少人用已加好鹽的料理米酒，通常是要做料理時，酒才加鹽一起調配。這是台灣初期開放米酒的酒稅過高，民意反對而產生的修正辦法。

料理米酒：係指以米類為原料，採用酒麴或酵素，經液化、糖化或採

用阿米洛法，並經酒精發酵及蒸餾，或再經調合食用酒精而製得之蒸餾酒，添加食鹽 0.5％以上，酒精度 10～60％（v/v）（含 60％（v/v）），其中由米發酵的酒精部分至少佔總酒精度之 50％以上。

〈說明〉料理米酒，是做料理時使用的產物，除添加 0.5％以上的食鹽外，原料米自然是重點。為防不肖業者搞鬼才會多加規定。由米發酵的酒精部分至少佔總酒精度之 50％以上為定義，以後在處理上才不會不周全。

高粱酒：係指以高粱為主原料，加入各種麴類或酵素及酵母，經糖化、酒精發酵、蒸餾、熟成、勾兌、調合且不得使用或添加食用酒精所製成之蒸餾酒，且酒精濃度在 20％（v/v）以上者。

〈說明〉此部分就定義以高粱為主原料，避免以其他較便宜的雜糧或米來替代，好在高粱原料比米便宜很多，不過出酒率沒有米高，風味與米酒也是不同。早期有不肖業者直接拿高粱香精加入食用酒精或米酒勾兌成高粱酒，由於是香精調的，市場的反應不好而淡出市場。

固態發酵高粱酒：採用固態糖化、固態發酵及固態蒸餾之製程釀製而成者。

〈說明〉所謂的固態發酵，是指釀酒過程中原料經過低溫蒸煮，低溫糖化發酵，採用間歇式、開放式生產，並採用多種菌種混合發酵，同時採用配糟來調節酒醅澱粉濃度、酸度，而且是用甑桶蒸餾的一種特殊方法。它的菌種較多元，產生出來的芳香物質較豐富，在大陸大部分的穀物酒都用此法生產，優點是香氣多元飽滿，缺點是發酵時間很長。

半固態發酵高粱酒：採用固態法糖化後，加水進行液態發酵（或同時上半固態、下半液態之糖化和發酵）及液態蒸餾之製程釀製而成者。

〈說明〉此法是台灣目前用得最多的方法，生產米酒也是用此法，採取穀物經過清洗、浸泡、蒸煮、攤涼後，接入酒麴做糖化發酵，過幾天再加水進行液態發酵，最後用液態蒸餾之製程釀製而成。主要是設備利用考量居多。

液態發酵高粱酒：主要採用液態糖化、液態發酵、液態蒸餾釀製而成者。

〈說明〉此法用在生的穀物原料釀酒，以米或高粱最多。從原料清洗後，直接加入定量的水及酒麴，攪拌均勻即可，生產管理時就控制其發酵溫度、空氣量，最後採取液態蒸餾釀製而成。

水果酒類：指以水果果實或果汁為主原料（各水果種類之糖度應符合 P.35「表1」之標準），發酵後，經蒸餾或不經蒸餾，製成之含酒精飲料，包含其他水果釀造酒及水果蒸餾酒。

〈說明〉下頁水果的糖度僅供參考，它會隨季節、地區、品種、生產管理而不同，最好每一批水果的甜度或糖度靠自己用糖度計去測，而且盡可能採用當地、當季的水果來釀酒。如果家中沒糖度計可用，可勤快點帶水果至各鄉鎮農會推廣股借測糖度設備來測量。由於有些太酸的品種會影響發酵，有些果膠太多的水果，也可能須借助果膠分解酵素來幫助分解，這些瞭解後都有辦法克服，其實只要安全釀酒，出酒率差一點，相信一般人是可接受的。

其他水果釀造酒：採用水果果實或果汁為主原料，經酒精發酵、熟成、勾兌、調合、殺菌，且不得使用或添加食用酒精所釀製而成者。

水果蒸餾酒：採用水果果實或果汁為主原料，經酒精發酵、蒸餾、熟成、勾兌、調合，或利用自行發酵之任何蒸餾酒浸漬處理，使其具有水果風味後再經蒸餾，且未使用或添加食用酒精所製成酒精濃度 20％（v/v）以上之酒品。採浸漬法之水果，製成之酒品每 40L（換算成 100％（v/v）酒精濃度之酒品）其水果果實原料需佔 100 kg 以上。

水果再製酒類：指以食用酒精、釀造酒或蒸餾酒為基酒，加入水果或其衍生產品，調製而成之含酒精飲料，其抽出物含量不低於 2.5%（g/ml）者。

酒麴：以麩皮等糧穀為原料，經接菌培養後，供釀酒中糖化及酒精發酵製程用之混合物。例如：強化酒麴。

水果種類	糖度（°Brix）	
	以果實或天然果汁形態	以還原果汁形態
鳳梨 Pineapple	11.0 以上	11.5 以上
柳橙（甜橙）Orange	10.5 以上	11.5 以上
寬皮柑 Mandarin（包括椪柑、桶柑、溫州蜜柑）	9.0 以上	11.5 以上
葡萄 Grape（包括紅、白葡萄）	12.0 以上	14.0 以上
檸檬 Lemon	6.0 以上	8.0 以上
葡萄柚 Grapefruit	7.5 以上	10.0 以上
百香果 Passion fruit（Grandadilla）	12.0 以上	12.0 以上
番石榴 Guava	7.5 以上	9.5 以上
金橘（金柑）Kumquat	8.0 以上	8.0 以上
桑椹 Mulberry	11.0 以上	11.0 以上
檬果（芒果）Mango	11.5 以上	14.0 以上
李 Plum	9.0 以上	12.0 以上
梨 Pear	10.0 以上	12.0 以上
萊姆 Lime	10.0 以上	8.0 以上
杏 Apricot	7.0 以上	11.5 以上
草莓 Strawberry	8.0 以上	7.5 以上
梅 Mei（Japanese apricot）	7.0 以上	7.0 以上
香蕉 Banana	15.0 以上	21.0 以上
木瓜 Papaya	8.0 以上	9.0 以上
椰子 Coconut	4.0 以上	5.0 以上
西瓜 Watermelon	8.0 以上	8.0 以上
荔枝 Litchi（Lychee）	14.5 以上	11.2 以上
楊桃 Carambola	4.2 以上	7.5 以上
蘋果 Apple	10.5 以上	11.0 以上
香瓜 Muskmelon	10.5 以上	10.5 以上
哈蜜瓜 Honeydew Melon	7.5 以上	10.0 以上
桃 Peach	11.0 以上	10.5 以上
蔓越莓 Cranberry	7.0 以上	7.5 以上
藍莓 Blueberry	10.0 以上	10.0 以上
奇異果 Kiwi fruit	10.0 以上（參考 JAS 果實飲料の日本農林規格）	10.0 以上
龍眼 Longan	15.0 以上（經驗值）	---
火龍果 Pitaya	10.0 以上（經驗值）	---

水果酒類主原料之水果種類與糖度（°Brix）要求

＊除奇異果、龍眼及火龍果外，參考 CNS 2377 N5065 標準。

大麴：以大麥、小麥或豆類等為原料，製成釀酒特有之糖化發酵劑，富含多種黴菌、酵母菌及細菌等，多為大塊磚形。例如：麴磚、高粱麴。

小麴：以稻米為主要原料，製成釀酒用之糖化發酵劑，經接種根黴、毛黴及（或）酵母，多為較小之方塊或圓球。例如蘇州甜曲、台灣白殼，由於用米粉為主原料，成品原料較雪白。

散麴：以麩皮等糧穀為原料，接種純菌培養，製成釀酒用糖化劑，大多維持原料原本之形態。例如：強化酒麴、粉狀酒麴。

酒醅：已發酵完畢等待蒸餾之物料。

酒醪：自發酵起至發酵完成之物料。

熟成：酒類儲存在特定的容器中，或以人工熟成的方法，進行物理與化學變化，達到使酒質醇熟、酒味柔和適口的過程。例如：存於橡木桶。

勾兌：把不同批次與不同等級的同類型的酒或不同類型的酒，按不同比例摻兌調配發生補充、襯托、制約和緩衝的作用，而達到符合同一規格，保持成品酒一定風格的釀酒專門技術。

調和：以勾兌好的酒為基礎，採用適合的酒或法令許可添加的呈香或呈味物質做調整，而達到使其香氣和口味能突出該產品典型風格的專門技術。

食用酒精：係指以糧穀、薯類、甜菜、糖蜜、蜂蜜或水果等為原料，經酒精發酵、蒸餾製成酒精度超過 90 ％（v/v）之未變性酒精。

原材料：指原料及包裝材料。

原料：係指構成成品可食部分之原料，包括主原料、副原料及食品添加物。

主原料：係指構成成品之主要原料，例如高粱酒以高粱為主，米酒以米為主。

副原料：係指主原料和食品添加物以外之構成成品的次要原料，如糧穀類等。

食品添加物：係指食品在製造、加工、調配、包裝、運送、儲存等過程中，用以著色、調味、防腐、漂白、乳化、增加香味、安定品質、促進發酵、增加稠度（甚至凝固）、增加營養、防止氧化或其他用途而添加或接觸於食品之物質。其中可用於酒品者，須符合法規規定之使用範圍及限量標準。

包裝材料：包括內包裝材料及外包裝材料。

內包裝材料：係指與酒液直接接觸之酒類容器如瓶、罐、罈、桶、盒、袋等，及直接包裹或覆蓋酒液之包裝材料，如箔、膜、木栓、紙、蠟紙等。

外包裝材料：係指未與酒液直接接觸之包裝材料，包括標籤、紙箱、捆包材料等。

產品：包括半成品及成品。

半成品：係指任何成品製造過程中所得未經包裝標示之產品。

成品：係指經過完整的製造過程並包裝標示完成之產品。

葡萄釀造酒：採用葡萄或葡萄汁為主原料（糖度需達 12°Brix 以上），經酒精發酵釀製而成者，且不得使用或添加食用酒精。由此定義即知可以直接用未加工之鮮葡萄，也可以用已加工榨汁保存的葡萄汁或是葡萄濃縮汁做原料，而且是由原料本身發酵而產出的酒精度，不可以外加食用酒精。有些不肖商人直接用食用酒精加葡萄濃縮果汁混合來冒充葡萄釀造酒。

Chapter 4

釀酒的重要元素

～ 酒麴（白殼）的認識 ～

　　酒麴在台灣俗稱白殼、酒藥、酒娘、酒餅。早期在釀酒未開放之前，鄉下只有在中藥店或特殊管道才能買得到，所以品質無法保證，找對人就會釀出好酒，尤其是很多的酒麴是屬於作甜酒用的，它的特色是醣化度高，酒質很甜口，但酒化能力不夠，產生的酒精度不足，所以早期阿嬤的酒很甜很濃，酒精度在 6 ～ 7 度左右。再加上當時的蒸餾設備很少，釀出糯米酒或黃酒的偏多。

　　自 91 年 1 月 1 日台灣菸酒管理開放後，民間釀酒終於能浮上檯面，帶來釀酒相關周邊事業的興起，尤其是釀酒影響至甚的酒麴，在台灣的酒

麴可說是五花八門，從早期用米培養的湯圓狀白殼或含有稻殼的圓餅狀白殼、粉狀的白殼，到用麥麩培養的純種酒麴或混合型酒麴。有固態酒麴及液態酒麴，更有中西合併的強化酒麴，把傳統的麴菌與活性乾酵母菌依一定比例混合，目前市場上充滿不同種類的酒麴商品。其實家庭釀酒用的酒麴大同小異，主要差異在釀酒效果（出酒率及香氣）及成本考量。不必太在乎來源是國內或國外，如果要釀出好酒就非藉重好酒麴不可。

它可以讓你很容易釀出好酒又不容易失敗，尤其不會有餿水味道。早期我也是用白殼來釀酒，出現非常不穩定的現象，做甜酒釀還好，一旦用來釀米酒，就常出現品質或出酒率時好時壞的現象，還一度懷疑自己技術不夠好。解決酒麴的問題後，不管是自釀或教學，十幾年來都非常平順。我相信許多自釀過酒的讀者，一定也碰過這些問題，千萬不要道聽塗說。

我發現很多人是怕你釀出的酒比他好，反而故意亂報其他酒麴給你，真正用的來源卻不說。我曾碰到許多客戶跟我說，鄰居或朋友讓他們走了不少冤枉路，都不直接說是跟我酒廠買的，最後找到由我提供的酒麴才發現被朋友騙了很久，這樣朋友之間的交情一夕之間就會垮了。很多東西或很多知識，只是早知道或晚知道而已，只要你有心，沒有不可分享的，千萬別讓朋友繞遠路，最後可能失去友誼。

中國酒麴的起源

尚書說命：「若作酒醴，爾惟麴糵」。這說明當時的年代已利用微生物製麴釀酒，只是古時是用天然的麴糵。近代中國的文心芳先生認為上古時代的麴糵就是發霉的和發芽的穀粒混合物，這些天然的麴糵浸入水中，自然發酵成酒，所以說古時的麴糵是我國最早的酒麴。

但在人們不斷的研究改進過程中，逐漸形成了人為的麴薛及人為的酒。以現代科學來分析，天然麴薛的形成，應是發芽為主，發霉次之；而人工麴薛與天然麴薛最大的不同之處在於穀粒粉碎，粉碎的穀粒失去發芽能力，用以製麴時只有依靠微生物的作用。

現存古籍中，最早的釀酒著作，首推距今一千四百年北魏朝代賈思勰所著的《齊民要術》，他很有系統的收集和綜合當時的釀造技術，在全書十卷九十二篇中有十篇是專論釀造技術。而這十篇中，其中有四篇是論製麴技術，書中對各種製麴及釀酒方法，都有詳盡的記錄。時至今日，對中國製麴及釀酒工業仍具有重要的參考價值。

早期製造酒麴的方法

在一些文獻的記載中，許多專家將製造酒麴的方法，歸納出三個要點：

1. 在原料處理上，可歸納為蒸料、炒料、生料三種。當時並不完全用生料或熟料製麴。蒸料是為了充分吸收水分並糊化便於麴霉菌生長。炒料可能為了殺菌和調劑水分，而生料則是供應微生物來源和有利於根霉菌生長繁殖。

2. 使用中草藥材，可能是為了促進功能菌的繁殖，同時也為了抑制生酸菌的生育及增加酒的香味。

3. 在用麴上，採用浸出法或浸麴後濾出殘渣，使用麴汁投入發酵。

由於台灣的釀酒發展時間較短，文獻資料不夠完整或不具代表性，我認為目前大陸的市售酒麴分類較完整，可供讀者參考。

～ 大陸酒麴的分類 ～

酒麴一般分大麴、小麴、紅麴、麥麴、麩麴，又分別細分成各種酒麴。

·大麴——

　　傳統大麴：有清香型麴（低溫麴）、濃香型麴（中高溫麴）、醬香型麴（高溫麴）。

　　強化大麴：以添加各種純菌種培養而成。

　　純種大麴：直接以純菌種培養而成。

·小麴——

　　黃、白酒麴：有傳統小麴（如藥麴、蓼麴等）；純種小麴（如麩皮根霉麴、米粉根霉麴）。

　　甜酒麴：有傳統麴及純種麴（麩皮根霉麴、米粉根霉麴、濃縮甜酒麴）。

·紅麴——

　　紅麴：有傳統紅麴與純種紅麴

　　烏衣紅麴：另有黃衣紅麴。

·麥麴——

　　傳統麥麴：有草包麴、專麴、爆麴、掛麴等。

　　純種麥麴：有盒子麴、窗子麴、地面麴、通風麴等。

·麩麴（包括酵母）——

　　純種酵母：液態酵母、固態酵母、活性乾酵母。

　　純種麩麴：有盒子麴、窗子麴、地面麴、通風麴、液體麴等。

　　細菌麩麴：利用芽孢桿菌培養，具有一定發酵力。

另在 1984 年左右，世界能源危機意識抬頭，為了節省能源，兩岸同時發展出生料酒麴釀酒。生料酒麴不同於一般酒麴，主要的作用在於分解熟澱粉，不同於分解生澱粉。通常生澱粉所需的分解酵素力價要比熟澱粉要高一萬多倍才可行，而且生澱粉不溶於水，故其糖化分解是屬異質反應，而能作用於生澱粉的糖化分解酵素必與生澱粉間有強力吸附作用。經學者專家試驗結果以 Rhizopus 菌株（根黴菌）分解活性效果最好。而在各種生澱粉中以米澱粉最易被分解，大約經 6 小時之分解率達 50％以上。

目前在市面流通的生料酒麴，一般生產方法分兩種：一種是培養法；一種是配製法。培養法是將麴霉、酒精酵母、生香酵母各自培養，然後按一定的比例混合，再分裝成成品。配製法則是以商品化的高效性酵素製劑類與複合酵母按比例混合而成，通常生料酒麴的添加量要比熟料要多些。

生料酒麴是一種多功能微生物複合酵素酒麴，內含糖化劑、發酵劑和生香劑。能直接對生原料進行較為徹底的糖化發酵，且出酒率較高，具有一定的生香能力。

早期從大陸引進生料酒麴時，市場上充滿好奇心，實作之後，許多人又回歸用熟料的方式釀酒，主要是不瞭解生料酒麴，加上所釀出的酒風味較不被台灣人接受，因為當時很多私釀酒的業者並沒有具備好的過濾設備或酒的熟成時間不夠，無法將出現異味的酒品濾除。不過這幾年接受度就提高不少。

簡單的說，生料酒麴中的成分配比一定要注意下列幾點：

‧糖化劑的選擇要適應多種生原料在高濃度、自然 PH 和常溫條件下直接糖化，較徹底的水解成葡萄糖。目前用於生料糖化菌種主要為根黴菌和黑麴霉。其糖化酵素活力（μ/g）$\geq$ 18000。

‧發酵劑的選擇要耐高溫、耐酸和耐乙醇、抗雜菌能力強、產酒能力

強的高活性酵母。酵母細胞數（億個 /g）≧ 20，酵母活細胞率≧ 75％。

‧生香劑是能提高蒸餾酒的總酯，是增加香味成分，提高蒸餾酒品質的生香酵母和酯化麴。

‧在培養或配製的過程中，同時也應輔以適量的酸性蛋白酵素、澱粉酵素、纖維酵素類，以提高糖化發酵速率。

‧生料酒麴中的各成分應比例適當，使糖化速率與發酵效率要協調一致，邊糖化邊發酵，發酵的過程仍須符合「前緩、中挺、後緩」的要求。同時要考慮到用麴量少，成本低廉，具有較長的保質期，便於使用和儲存運輸，不能含有毒、有害物質和邪雜異味。

台灣民間釀酒目前仍常用白殼（白麴）及紅殼（紅麴）來當酒麴用，使用一次投料方式來釀酒，而早期公賣局台灣菸酒公司則採用糖化酵素及酒用酵母菌，並使用兩段式投料方式來釀酒。自釀酒開放後，市面已出現從中國、日本、韓國進口的酒麴，而活性酵母菌則來自中國、法國、美國、加拿大、澳洲及丹麥為最多。各家的品質風味都有差異性，如何選擇又是另一個探討的課題。

一般而言，酒麴儲存的最佳時間為生產製造完成後 3 ～ 6 個月。儲存期若太長，則酵素活性、功能以及菌種活力都會明顯下降。夏季氣溫高，濕度大，空氣中浮游的微生物數量多，尤其是霉菌多，是製麴的有利季節。在一年四季中，環境中的微生物並不是一定的，而是不斷的變化，所以製麴環境與微生物生長繁殖有密切的關係。目前大多是利用可控制環境條件的工業化大量生產的酒麴，基本是糖化酵素與活性乾酵母結合而組成，仍屬活菌，只是被強制乾燥冬眠，乾燥度夠，保存期一般可維持兩年水準，若抽真空乾燥保存效果更好。

台灣高粱酒麴的製法

台灣高粱酒之製造，創始於民國 39 年 11 月的嘉義廠，目前除金門酒廠、嘉義酒廠外，官田酒廠亦有生產。

原料説明：高粱酒麴的原料，主要利用大麥。皮厚，經粉碎後做成麴，有質鬆而菌類易於繁殖的特點，所以為麴的主要原料。在製麴上，小麥作為補充營養成分之功用，因其營養成分高，有利於菌類之繁殖生長。而另外不一定要加入豆類，通常可全用小麥替代。

做法：將小麥磨碎後，加水攪和，加水量佔全量的 37 ～ 38 %，裝入圓形麴模，用壓磨機重壓成直徑 25cm、厚 9cm、中間有直徑 1 吋之圓孔、每塊重約 5 公斤之麴塊，送入麴室採開放式自然接種培養，約 27 天則可成熟。成熟麴塊列置於空氣流通之麴庫中，儲存備用。酒麴以全面灰色、帶有特有的黴臭、破碎面成灰白色及暗色部分少者為良品。

讀者若有機會到台灣菸酒公司的酒廠參觀時，不一定可參觀到製麴室，但可注意參觀走道展覽的製麴相片，酒麴使用時一定要粉碎才使用，而且這大麴的酒麴也是釀高粱酒原料的一部分，用量蠻大，約佔 17 %。

台灣民間酒麴的製法

早期很多想要開酒廠的投資者都想自製酒麴，一方面有獨特性，另一方面想將技術控制在手中形成優勢，但這幾年來已較少碰到堅持要學酒麴的學員，其實這和喝牛奶不一定要自己養一頭牛的道理一樣，沒有規模之前，分工是很重要的過程。下面的紀錄是生產酒麴的方法，可以依自己條件，比如用現有設備去調整試作，不斷的調整環境的生產條件，即可掌握

製作要領。糖化用的純根黴菌種可至「新竹食品工業發展研究所」買，記得要活化後才能用。

原料：使用在來米（秈米）及稻殼、米糠、脫脂黃豆粉、菌種。

做法：

1. 將在來米浸泡1晚後，（有人加1%的漂白水殺菌防止污染）。我會採用冷開水或純水浸泡，每隔4小時要更換浸泡水，避免水質發酵偏酸性，帶來太多雜菌。

2. 用磨漿機磨成米汁，然後用脫水機或用布袋裝米漿，將米汁榨壓成半乾粉狀。米粉的溼度要控制好，才利於微生物的生長。

3. 將10％的稻殼、米糠、脫脂黃豆先洗淨，蒸熟待用，到時與純菌種（或將上一批優良成品磨粉）混入米渣中。

4. 混合均勻後，捲成條狀，切成饅頭狀的大小，分成多塊狀或揉成湯圓狀，平舖於發酵盤（竹篩、木盤）中，發酵盤先鋪上處理乾淨的稻殼以利通氣，再放上麴胚。

5. 以交叉方式放發酵盤作堆發酵。採用好氧發酵。

另兩種台灣民間傳統酒麴製法

〈白藥（白殼）製造法〉

民國91年時由台東農改場副場長林慶喜先生提供的白殼（白藥）製造法。

原料：在來米粉，辣蓼草。

做法：

1. 取辣蓼草浸出汁，和在來米粉拌勻，至原料粉能黏結為止。

2. 以手壓扁餅狀，用刀切成 1 寸（3 公分）許的塊狀。

3. 將優良白藥粉沾撒米塊四方之表面上，置於圓形竹盤的中央，而後置於草蓆上。

4. 並蓋以麻袋厚篙等，保持室溫 25～30℃，1～2 日後白藥品溫上升，四周皆出現白色菌絲，至第三日白藥品溫達 40℃ 則可撤去麻袋。

5. 將白藥擺置於竹盤上，竹盤互疊成品字形擱於架上，每日移換 1～2 次，使溫度上下均勻。

6. 8～9 日後曬乾 1 次，就可研粉備用。

〈黑藥製造法〉

原料：在來米粉、辣蓼草、麩皮、陳皮、花椒、甘草、蒼朮中藥材。

做法：

1. 將陳皮、花椒、甘草、蒼朮等放入布袋中浸水，煮沸 3～5 小時，得其浸出液。

2. 將此液及辣蓼草浸出汁，一同加入在來米粉、麩皮及已有的優良白藥粉汁混合物中，然後攪拌均勻，再壓成扁餅狀。

3. 之後的製法如白藥。

早期台灣釀酒用藥法，有單用白藥或黑藥者，亦有兩者混用者。一般而言，黑藥發酵緩和，製成之酒芳香為較佳。目前民間已逐漸少用此種加藥法來控制微生物的生長，而改以加強控制環境衛生和溫溼度。釀酒時黑藥的添加量為釀酒原料的 1/10（10％）。其實在大陸沒有所謂的黑藥之說，只有藥白麴，在製作白麴時加入一些磨過粉的中藥，可增加風味，抑制一些雜菌產生，可生產出獨特風味的釀造酒，如果把馬祖老酒與台灣菸酒公司的紹興酒做比較，就可以知道此一不同點。

為了避免許多同好走冤枉路或被騙，這本書公開紅麴及傳統白殼的發酵與菌種的製作方法，讓有興趣的可深入研究，沒興趣的人至少瞭解過程，不再外行被騙。

穀類酒麴（酒藥、白殼）的培養與製作實務

〈傳統酒麴的工藝流程〉

在來米 → 浸泡 → 粉碎或水磨 → 加米糠、稻殼或中草藥拌和 → 接種母麴或菌種 → 製麴胚 → 裹粉 → 入室培養 → 出室 → 乾燥 → 成麴 → 入庫保存。

〈原料的配比〉

在來米粉：投料一次總用量計，其中 75% 原料用於製胚，25% 的細粉用作裹粉。（例：總原料在來米粉 10 公斤，則 7.5 公斤用於製胚用，2.5 公斤用於裹粉用）。

中草藥：其用量為製胚原料的 13%。（例：總原料在來米粉 10 公斤，則 7.5 公斤原料用於製胚，2.5 公斤用於裹粉，中草藥用 975 公克），應予乾燥磨成粉後使用。若改加米糠或稻殼時，要清蒸過再用。也可只加辣蓼草或汁。

麴母：或稱母麴，可從上一批成麴中選取優良酒麴備用，其用量為胚粉的 2%，為裹粉的 4%。（例：總原料在來米粉 10 公斤，則 7.5 公斤原料用於製胚，2.5 公斤用於裹粉，麴母則 150 公克混入製胚用，另將剩下的 200 公克混入裹粉中）。最好用純種培養的菌種才能保持菌種不退化。

加水：製胚用水約 60% 左右（以胚粉計，如此例：加水 4.5 公斤），裹粉用水約 10%（以裹粉計，如此例：加水 0.25 公斤）。

〈製作過程〉

自麴胚入室製成麴入庫，只歷時 5 天左右。

浸米：在來米加水浸泡時間，大約夏天為 2 ～ 3 小時，冬天為 6 小時左右，浸透後瀝乾備用。

粉碎：將上述瀝乾後的在來米，用粉碎機粉碎成在來米粉，用 180 目網過篩出 2.5 公斤作為裹粉用的細粉。（製胚用的材料也可以用水研磨後再壓乾使用。）

製胚：將 7.5 公斤在來米粉、975 公克中草藥粉、150 公克麴母、約 4.5 公升的水，混合均勻後，製成團餅。在製胚盤上壓平，用刀切成約 2 ～ 3 公分見方的小塊，並用竹篩篩成球形的胚（如做圓宵的方式）。

裹粉：將 2.5 公斤的裹粉加入 100 公克的麴母粉中混合均勻後，先撒一小部分裹粉於竹篩中，並第一次灑少量水於胚中，使其外表濕潤，再將胚倒入竹篩中，用手震動竹篩裹成圓形後，又撒水、裹粉，直到裹粉用完為止。總撒水量為 0.25 公斤，然後將胚分裝於特製的竹篩內攤平，放入培養室培養，此時麴胚的含水量約 46% 左右。

培麴（可分為三階段進行）：

前期：培養時間是入室起 20 小時內，培養室溫度設定為 28 ～ 31℃，在麴胚上蓋一只空竹篩，待根黴菌菌絲生長旺盛後呈倒下狀，以及麴粒表面有水珠狀時，可將蓋在上面的空竹篩蓋掀開。這時麴的成品溫度約 33

～ 34℃，最高不可超過 37℃。

中期：入室培養後超過 24 小時即進入中期，培養室溫度設定為 28 ～ 32℃，不得超過 35℃，此時酵母菌開始大量繁殖，持續約 24 小時左右。

後期：通常時間約佔 48 小時，培養室溫度設定為 28℃，此階段成品溫度逐漸下降，而麴中孢子逐漸成熟。

乾燥：將上述成熟之酒麴送至乾燥箱烘乾，溫度設定在 40 ～ 50℃，經 1 天即可烘乾。也可以移到戶外曬乾，但不得曝曬，最佳日曬時間為上午的 8 ～ 11 時與下午的 3 ～ 5 時。

儲存：經乾燥後的成麴，應置於陰涼乾燥的麴房保存。

〈成麴品管質量要求〉

感官要求：麴要呈白色或淡黃色，無黑色，質地疏鬆，具有麴的特殊芳香味。

出酒率：以產酒精體積分數為 40％的蒸餾酒計，為 90％以上。

水分含量：約 12 ～ 14％。

另外，除了在來米粉做酒麴之外，也可添加米糠，材料準備比例如下：

〈添加米糠之酒麴的材料比例〉

在來米粉：5公斤，其中75％（3.75公斤）用於製麴胚，25％（1.25公斤）用於裹粉。

水：為製胚原料之 60％，即 2.25 公升。

中草藥：為製胚原料的 13％，即 488 公克。

細米糠：為製胚原料之 10％，即 375 公克。

粗米糠：為製胚原料之 10％，即 375 公克。

麴母粉（菌種）：為製胚原料之 2％（75 公克），為裹胚原料之 4％（50

公克）。

要訣：

‧製作酒麴之主原料一般都用在來米，佔總原料之80～85％左右。也可應地制宜如添加20％的大豆、麩皮。

‧次原料如中草藥、米糠、稻殼，或其他原料如白土、觀音土、辣蓼草，約佔15～20％。

‧如果要做甜酒釀麴，因考慮原料色澤及會沉澱殘存，通常不放米糠或有纖維的輔料，不放或可放些中草藥，量多會影響成品風味。

‧做藥白麴的目的是要以中藥味作提味。此時，中草藥才可放10～20％左右。一般製白麴，中草藥只放1～3％左右，以避免影響風味。

‧酒麴中放中草藥之目的有三，一為增強酒用微生物的生長或培養。二為抑制壞菌的生長，三為提味用，中草藥味有助釀酒時的特殊香味。

‧水分的掌握，除依比例逐漸添加水量外，另外測水量的方法是用手緊握與水混合好之原料，以指縫間滴出1～2滴水為宜。

～～～ 紅麴的認識 ～～～

紅麴在中國的應用已有千年以上，台灣利用於釀酒及料理亦有近兩百年之久，是老祖宗留傳給我們的寶貴資產。由於紅麴之次級代謝產物具有保健功效，深受國際醫學專家矚目，堪稱為廿一世紀最時髦的保健食品，曾經為政府跨部會「保健食品研究開發計畫」的研究項目之一。

　　紅麴又名丹麴、赤麴、紅米、福麴，本草網目記載「甘、溫、無毒」，「主治消食活血、健脾燥胃。治赤白痢、下水穀，釀酒、破血、行藥勢、殺山嵐瘴氣、打撲傷損，及女人血氣痛及產後惡血不盡」。

　　中國古代即常應用於醫藥之藥材、烹飪之調味料及釀造酒、醬油、豆腐乳之重要材料。紅麴在傳統飲食上的功能，除了可增進食慾、幫助消化、促進血液循環外，更是浙江省、福建省地區婦女坐月子之重要傳統食補材料。在日本、德國、法國、美國等先進國家，已發現紅麴菌的次級代謝產物莫那可林（Monacolin K）類化合物，對文明病諸如高膽固醇、高血脂、高血糖、高血壓、癌症等患者確有保健功效。

〈紅麴菌的介紹〉

　　紅麴菌（Monascus），為真菌界、子囊菌門、不整子囊菌綱、散囊菌目、紅麴菌科、紅麴菌屬。一級代謝產物：芳香物質（酸、醇、酯），二級代謝產物：色素（紅、黃、橘）、膽固醇合成抑制劑（Monacolin）及抗腐敗物質（Monascidin）。

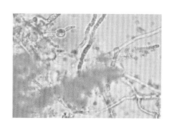

紅麴菌落型態　　　　　　　顯微鏡下紅麴菌絲

　　常見的紅麴菌種包含 Monascus ruber、Monascus pilosus、Monascus purpureus、Monascus floridanus、Monascus pallens、Monascus sanguineus 以及 Monascus anka。台灣紅麴食品用的菌種只承認 Monascus purpureus 這株，其他株菌需要作進一步的毒性試驗及其他應作的試驗後，才會被同意使用。

〈當菌種用的紅麴米製造過程〉

紅麴的利用廣泛，例如紅糟是以紅麴和圓糯米經由發酵作用所釀造的產品。以下介紹當菌種用的紅麴米製作過程供讀者參考：

1. 將在來米 500 公克，以水洗滌至水不再混濁後，浸水 6 ～ 8 小時。

2. 用濾杓過濾後，置於蒸斗或蒸煮盤上蒸熟。（若在實驗室生產時，以每平方公分 0.2 公斤的壓力蒸煮 15 分鐘，取出冷卻。撒水攪拌均勻後，再以上述條件蒸煮一次）取出冷卻至 35℃。

3. 取帶有純種紅麴菌的麵包培養物 10 公克，加 20 毫升無菌水，經磨細後，接入蒸熟冷卻的飯中，並充分攪拌均勻。

4. 接種後依下列操作方式管理八天：

第一天 接種：溫度降至 33℃，用紗布包妥，置於恆溫箱中，控制箱溫在 35℃，待品溫升高達 40℃ 時即攤開，將蒸飯集中於麴盤的中央。

第二天 翻拌：此時菌已急速繁殖，為防止品溫過度升高，必須適時給予翻拌，且視繁殖情形，將發酵中的飯厚度逐漸改薄，以控制紅麴菌的最適當繁殖條件（品溫在 34℃，濕度在 85%）。

第三天 頭水：因紅麴菌急速繁殖，米粒中的水分除一部分由於溫度上升被蒸發外，大部分均被繁殖所消耗，因此米粒變得比較乾燥。為了使紅麴菌順利繁殖，須施行浸水或補水，給予適當水分。將麴盤中的半製品取出，浸於無菌水中 30 分鐘，用紗布過濾 30 分鐘，使水分保持在 50%，將半製品盛回麴盤，放入恆溫箱。

第四天 次水：將半製品用紗布包妥，浸於無菌水中 20 秒，次水後的水分約為 47%。

第五天 完水：第三次灑水，注意品溫須控制不超過 40℃，完水後的水分含量約 48%。

第六天 後熟：約每 4 小時翻拌 1 次，控制品溫於 30℃。

第七天 乾燥：在 45℃ 進行乾燥 22 小時。

第八天 完成：乾燥後，水分含量約為 10％。

〈紅麴米製造過程〉

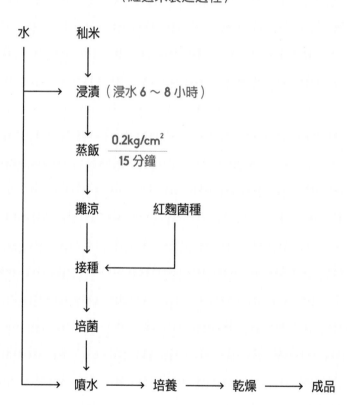

〈紅麴生產的祖先智慧〉

米原料品種的選擇：紅麴的生產原料是沒黏性的秈米或粳米，大都以秈米為主（台灣用在來米或糙米）為主，原因是其澱粉含量達 70％ 以上，營養供應充足，且可吸收較合適的水分，以供應紅麴菌在繁殖過程中所需要的大量水分。

菌種源製造的獨特技術：大部分紅麴生產是利用實驗室將純的紅麴菌種或紅麴酒醪接種擴大培養，作為紅麴菌的菌種來源，具有繁殖力強、用量少的優點。

控溫方法：紅麴菌較適合的生長溫度，一般在 30℃ 左右，為了避免繁殖時溫度過高而抑制生長，也使內外層紅麴菌生長一致，保證紅麴品質，故古人創造翻堆和分堆的方法，來調節合適的溫度（通常是 30～40℃）。在自然條件下，利用紅麴菌繁殖生長過程中自身產生的熱量來製作紅麴，是巧妙簡易的方法。

補水的重要：紅麴菌在繁殖過程期間，需要適時的補充水分。隨紅麴菌生長階段的不同，會有不同的水分需求，特別是繁殖旺時更需即時補充水分。因此，分批、分段補水是紅麴生產的獨有技術，保持恰當的水分，可保證紅麴菌生長良好。

"1995～2006 年期間，因為我想在台灣開發獨特的紅麴保健食品（含有 Monacolin K 成分）而投入紅麴的生產銷售和研究實務領域，認識了當時任職於「公賣局酒類研究所」釀造系的林讚峰博士、「新竹食品工業發展研究所」的袁國芳博士及陳彥霖研究員，他們當時都是台灣業界研究紅麴實務的專家。為了尋找可靠又便宜的原料來源，常利用大陸出差之便，多次去拜訪「中國科學院微生物研究所」的紅麴菌分

類鑑定專家，也不斷找機會參觀不少大陸的各種紅麴生產廠。

　　從最具代表的福建古田鎮的四百多年國營紅麴廠，到建甌、南平、馬尾的紅麴色素廠等民間自營小廠、上海市內的紅麴廠、義烏鎮的烏衣紅麴廠、浙江的民營保健紅麴廠、成都的醫藥級保健紅麴廠等地，除了收集非常多的產品、檢驗方法、生產技術及菌種外，也與大陸及台灣許多紅麴專家、學者、生產技術人員不斷的交換意見，生產食用的普通紅麴米，也生產色素用的紅麴米，更生產保健食品用的功能紅麴。

　　期間更把握機會參加多次的兩岸紅麴國際研討會，認識當代研究紅麴的國內外專家及他們所研究的方向與領域。相對之下，大陸重視的程度及研究的積極性超越我們很多。我曾經深入評估是否要在台灣投資設廠，也買了一套自動製麴機準備生產，後來發現市場上紅麴的需求量不多，而且台灣人工太貴，生產成本過高，不符經濟效益，最後只好以合法進口方式，從大陸進口不少合格的紅麴米原料，供應給傳銷公司製造保健食品及供給酒廠使用，後來因為大陸紅麴米內的桔黴素有普遍超標的問題，遲遲無法有效改善，一旦進口檢驗會有資金損失及食安問題，最後才改用由台灣生產提供、符合政府要求的低含量桔黴素、但成本較高的紅麴米原料。"

Chapter 5

釀酒原物料的認識

釀酒的原料是釀酒的最基本條件，可決定酒類的風味本質；而釀造用的水是釀酒的血脈，是所有酒類的唯一共同原料。兩者缺一不可。

原料的選擇

可以拿來釀酒的原料，全世界各地都有，可說種類繁多，問題是釀出來的酒是否安全，是否普遍讓人接受，是否可以在市面上有一定的經濟規模銷售流通。例如早期有位明星代言由大陸引進的奶酒，噱頭十足，或許是酒中有股腥羶味，並不是那麼討消費者喜歡，最後在台灣市場上曇花一現。不過也由於貿易商引進此奶酒，開啟早期彰化、台中一帶的農民將過剩的羊奶生產出奶酒的附加產業，解決羊奶過剩問題。或許有些生產出來的酒，因酒精度過高不適合直接飲用，但可作為工業或加味調製用途，這種的改變反而使市場擴大，更可大量化生產，像食用酒精就是一個例子。如果要釀出人可以喝的酒，它的原料一定是可以直接吃的食物才安全。

作為糧酒或澱粉類釀造酒用的原料很廣泛，常常因地區而不同。大致上可分三大類別：

澱粉質原料：此為主原料。如高粱、玉米、紅薯、大米、麩皮、小米、紅藜。

含糖質原料：屬補充原料。如糖蜜、甜菜、糖渣。

纖維原料：此類原料需先經特殊的或獨門的化學處理，使原料內的纖維質轉化成糖質後，才能在釀酒中得到應用。但費用大，產糖少，不是理想原料，如稻草、木屑和棉仔殼，這類的產物多用在工業用生質燃料，不做為飲用。

另外，香辛原料如啤酒花的特殊芳香與苦味，也是造成啤酒風味的極

重要成分，如杜松子是釀造琴酒的要素。

～～ 水的選擇 ～～

俗語說：「好酒必有佳泉，水是酒的血。」從廣義上來講，水是生產酒不可缺少的重要原料。所有釀造酒中，其水分含量高達80％以上，（一杯啤酒中含有95％的水分），可見水的重要性。

一般家庭釀造酒的用水條件與下列一般釀酒用水相同，只是家庭釀酒用水量較少，不太可能花大錢去改善用水。常有家庭釀酒者為追求好品質的水，購買專門泡茶用的泉水，或將自來水曝氣後再使用，因此台灣家庭使用自來水釀酒仍是主流。

一般在釀酒用水可分三類：工藝用水（生產過程用水）、冷凝用水（蒸餾過程用水）、加漿勾調用水（調酒精濃度用水）。

在釀酒過程的每一階段，對水的不同成分皆有嚴格要求，大致有：固形物、微生物、有害氣體、鹽類、水的硬度等要求與處理。尤其水的硬度是衡量水質好壞的重要化學指標，例如清爽型的啤酒需使用軟性水製造，而濃厚型的啤酒則可使用較高硬度的水質。主要原因乃是水除了直接影響酵母的生長與酵素反應外，水中的礦物質也會改變風味。一般而言，蒸餾酒由於需經過蒸餾的加工手續，因此釀造用的水較寬鬆些，但調和用的水則要求很嚴。

Chapter 6

酒類微生物的認識

早期的釀酒，其實都是模仿而來，很多時候是依據別人的成功經驗去複製，不一定是因為了解才去做。尤其是看到阿嬤的釀酒法之後，會發現釀酒其實很簡單，但如果是用專業的學術研究或眼光去探討時，又會發現太複雜了，所以請先調整心緒，以專業的釀酒態度去釀酒，或以充實生活領域去看待，出發點不同，結果就不同。

參與酒類生產的微生物，一般歸納有：黴菌、酵母菌、細菌三大類。在我們的生活中，每天都會不知不覺接觸到這三大類，它們扮演了非常重要角色，只要與釀酒有關連就必須認識它。

〜〜 黴菌 〜〜

西方國家認為黴菌是酒類的污染菌，會帶給酒不良的氣味。但東方民族，尤其是中國及日本，他們生產酒類時，把黴菌視為最重要的糖化菌外，也是一種極重要的風味來源。黴菌在自然界非常多，但在釀酒的世界中，主要是根黴菌（Rhizopus），另有米麴菌（Aspergillus）和紅麴菌（Monascus）。這三種黴菌可做為糖化菌，分解澱粉物質轉化成糖分，同時會分別帶來不同的風味。根黴菌在生產繁殖過程中，分泌出大量澱粉糖化酵素，能將穀物類的澱粉糖化，台灣民間釀造甜酒（甜酒釀）即以此為主要微生物。日本的釀酒黴菌大都以米麴菌為主。米麴菌的最適溫度為37℃，製麴溫度為 30 ～ 40℃，下缸後為 20 ～ 30℃；根黴菌的最適溫度為 37℃，製麴溫度為 25 ～ 35℃，下缸溫度為 25 ～ 35℃。

酵母菌

自古以來，酵母菌就是發酵產業的重要微生物，所以市場上早已工業化大量生產。酵母菌屬好氧性兼厭氧性的微生物，也就是說初期生產增殖的過程中需要氧氣協助，在旺盛階段工作時可在無氧狀態下工作。故在釀造過程中，發酵環境中空氣多寡的調節及釀酒溫度的控制，足以影響出酒率及勞動效率。而酵母菌是酒類風味的必要因素，酒的主體香氣成分絕大部分是靠酵母菌在發酵過程中產生，這些香氣成分的種類千餘種。酵母菌在不同的環境下會產生不同的香氣成分，主要是因為各種的醇、酸和酯類。

在研究中發現，酒精酵母的最適溫度為 28 ～ 30℃，PH 為 4.5 ～ 5.5。最適發酵溫度為 30 ～ 35℃，PH 4 ～ 5。一般酵母之繁殖最適溫度為 25 ～ 28℃，發酵最適溫度為 25 ～ 40℃。死滅溫度為 70℃。

酵母繁殖之最佳糖濃度為 10％或較低之糖分為佳。30％之糖濃度，酵母即難於增殖。

10％以上之酒精濃度，酵母之繁殖與發酵均會抑制，但特別馴育之酵母則可耐 20％之酒精濃度。

"這些數據可供釀酒者參考。其實都是重要數據，可用於釀酒過程中，改善釀酒缺失，或作為補救的依據。例如常有學員問：我釀的酒已 4、5 天都沒有一點酒味，也沒有壞，懷疑可能忘了放酒麴或酒麴放太久而失效，是否可額外補充或倒掉重做？此時就可以根據上述的條件自己判斷補救。例如糖度太低，就適當調整補些糖度；酒精度沒超過 10 度，再放

菌種仍會改善幫助發酵；發酵不好，是受環境溫度或發酵酒醪本身溫度的影響，再去改善即可。"

～⌒～ 細菌 ～⌒～

在釀酒過程中，一般所謂「雜菌污染」就是指細菌的污染，而且對釀酒的危害極大。一般主要的細菌是指乳酸菌和醋酸菌。

在酒的發酵過程中，尤其是葡萄酒或水果酒，適量的乳酸菌在酒醪中有抑制腐敗菌生長的功能，且可使酒質較豐厚複雜，或使葡萄酒的酸度降低。乳酸菌在發酵時會產生乳酸及乳酸乙酯，會影響出酒率及酒質。但酒中乳酸含量太大，會使酒有餿味、酸味和澀味；乳酸乙酯過量則會使酒有青草味。

而醋酸菌又因為它的產酸能力很強，特別對酵母菌殺傷力很大，會將部份原料的糖轉化成酸。故醋酸菌超量，將會使酒呈現刺激性酸味，最主要會嚴重阻礙發酵的正常進行，引起酒質變壞。

另外產膜酵母菌屬（Mycoderma）於液體培養基上，生成一層皺紋之皮膜，使酒精氧化變為醋酸及 CO_2，對糖類無發酵力，是另一種常見污染菌。

一般酵母菌和黴菌最適的 PH 值趨向酸性。細菌和放線菌最適的 PH 值為 7.0～8.0，酵母菌最適的 PH 值為 3.8～6.0。黴菌最適的 PH 值為 3.0～6.0。

Chapter 7

釀酒的基本流程與原理

一般而言，酒的產生是穀物或水果利用微生物發酵的作用而釀造出來。其過程是先利用麴的微生物（根霉菌）澱粉分解酵素，將澱粉水解成糖（即糖化作用），然後再利用酵母菌產生的酒化酵素把糖變成酒精（即酒精發酵）。

　　以現代微生物學觀點來看，利用麴進行穀物類釀酒，實際上是一個先後利用兩類微生物群落的生化反應進行酒精發酵的獨特釀酒工藝。

　　穀物酒生產的化學反應是，澱粉經生化反應轉變成葡萄糖，再由葡萄糖轉變生成乙醇，同時釋放出二氧化碳，產生熱能。

穀物、澱粉類釀酒工藝的基本生產流程

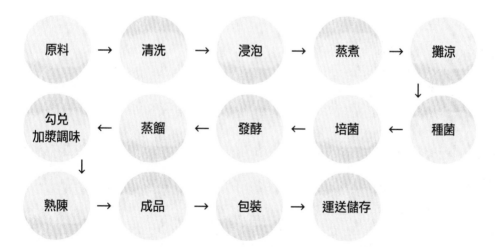

原料 → 清洗 → 浸泡 → 蒸煮 → 攤涼
　　　　　　　　　　　　　　　　　　↓
勾兌加漿調味 ← 蒸餾 ← 發酵 ← 培菌 ← 種菌
↓
熟陳 → 成品 → 包裝 → 運送儲存

〈蒸煮〉

　　在生產酒的過程中，蒸煮原料的工藝是相當重要的關口。主要是使原料澱粉粒碎裂，以利於與酵素接觸，為培養微生物準備適宜的水分條件和營養供給環境。在台灣，一般將米清洗浸泡讓米粒膨漲，瀝乾再蒸煮，蒸煮後要讓米粒轉變成飯粒並熟透心，以外型完整不糊化、水分含量適中為好。如果讀者不清楚此標準，可親至各超市賣場中，觀摩玻璃罐裝甜酒釀的米粒外觀即知曉，以製造日期未超過 15 天較為標準，否則可能米粒已被發酵掏空，會逐漸成糊爛狀。

〈培菌〉

　　是培育釀酒用微生物。讓根黴菌、酵母菌在規範的時間及溫度範圍內，撒在蒸熟的米糧上生長，以提供澱粉轉變成糖，再將糖轉變成酒的必要酵素量，達到有益菌長得好，好菌量適中的狀態。一般種菌的溫度，在蒸煮、攤涼後，米飯溫度降至 34 ～ 40℃時皆可種菌（接菌）。種菌、培菌的場所、環境的衛生、設備的殺菌清潔非常重要，主要在減少雜菌污染。

〈發酵〉

　　發酵是產生酒類風味成分的最重要過程。使糖都轉化成酒、少生酸及降低損失，都是發酵階段必需解決的主要問題。溫度的控制及減少雜菌污染是這階段的重點。釀酒初期務必要做好溫度控制，以幫助益菌快速生長，形成優勢的環境。一般而言，低溫緩慢發酵較有利於生成優雅清香的酒液，口感較圓潤；而高溫快速發酵會產生強烈粗獷的香氣，也會較為辣口。

〈蒸餾〉

讓液體在一定壓力下達到一定溫度，當液體達到其沸點時即變成氣體蒸發而上升，蒸發物質被冷卻，變成液體回收，即為蒸餾。

蒸餾有分離濃縮作用、殺菌作用及加熱作用三種效果。蒸餾工藝的好壞關係到出酒率高低與產品品質優劣的最後結果，俗語說「提香靠蒸餾」，故蒸餾對香氣的濃縮具有關鍵性的影響，而加熱的方式及速度會影響熱解所產生的風味物質。

〈勾兌、調漿〉

每批酒發酵蒸餾後其酒精濃度不一定相同，考量其風味必須加以調整酒精濃度或修飾風味。勾兌，一般以不同批酒互相混合後達到基本的均勻品質。調漿，則是確保每批產品均具有突出的典型風味。

〈熟陳〉

除了啤酒及著重果香的水果酒外，大部分的釀造酒與蒸餾酒都需經過熟陳的過程。尤其是名貴的酒大都需經長時間的熟陳，在熟陳的過程中物理作用及化學作用同時進行。在合理的時間範圍內儲存，有三個重要作用：一為排除邪雜味，如沸點低的硫化物氣味。二為增加水與乙醇分子的締合作用，使酒的口味綿軟。三為產生一定的酯化反應，增加一些香味成分，同時還可以減少雜醇在酒中的含量，降低辛辣味。熟陳有其限度，同時也只有優質的酒才值得進行熟陳。並不是越存越好，過份延長時間會使酒精分子發揮過多，香氣也損失大，造成酒味淡薄。故存放不低於 3 個月為好。正常的貯酒溫度在 15 ～ 25℃ 為最佳。

〈裝瓶〉

　　裝瓶會不會影響酒質，主要是否使用不透光的褐色、綠色或其他有色瓶，以避免光線照射使酒質改變。另一重點則是瓶頸的空氣容量，氧氣含量越多可能使酒質變劣，所以一般使用細口瓶裝存。

〈運送〉

　　運送儲放過程除了要防止高溫與光線照射外，也要避免激烈震盪，以減少酒液與瓶頸氧氣之接觸機會。

Chapter 8

釀酒前的準備

釀酒前的準備工作，各地都把它當作是一個神聖的過程，清潔打掃是最基本的工作，如何有規律地確實去執行原物料進出貨控管，各廠其實都有一套標準，甚至日本有歷史的酒廠還有特殊的祈福安頓宗教儀式。家庭釀酒前的準備主要在於原材料是否備妥及釀酒設備、環境是否清潔安全。

器具的選擇

根據這幾年作者實際參與應用釀酒的經驗得知，目前台灣釀酒器具的基本設備大同小異，差別在投資者的認知、酒廠規模的大小、自動化的程度、設備投資資金的多寡及投資的眼光。

〈蒸煮飯設備〉

台灣釀酒通常利用電力或瓦斯炊煮，效率不錯，目前較少用燒材或大鍋蒸飯，主要考慮方便性。我較喜歡用傳統的木蒸斗蒸飯。少則蒸 1 斤米，多則一次可蒸 50 台斤米，若用自助餐使用的瓦斯電鍋，一次大約可蒸 11 台斤米，至少要蒸四次以上，浪費時間與燃料。若太重不好搬運，則可藉用小天車輔助即可。

木蒸斗

泰式蒸飯器

泰式蒸飯器

〈釀酒基本器具〉

讀者可依自己的財務狀況準備,例如下面所說的發酵桶,可以用家中適當大小的不銹鋼鍋替代,或買一個專用的發酵罐或發酵缸。像我常會做甜酒釀吃,常用大同電鍋的內鍋直接裝飯發酵到可以吃。至於量測設備,能具備是最好,但不一定必備才能釀酒,用觀察品嘗的方法最安全方便。到一定生產量時就要具備,才能維持品質。

大小封口布、橡皮筋　　不鏽鋼工作盆　　不鏽鋼漏斗　　　湯匙　　　洗瓶刷　　量匙

量杯　　　　長嘴量杯　玻璃三角量杯　玻璃量筒　　玻璃罐容器　　　優質酒精

玻璃瓶容器　　　　電子秤　　　　濾勺　　　鬆緊繩、橡皮筋　過濾袋

發酵桶：用於發酵裝酒醪。早期民間私釀酒，一般的容量大小以 18 斗塑膠桶為最多，而且是 PE 食品級第一次白色塑膠原料。一個塑膠桶可裝 50 台斤生米所煮的飯量，三天後還要加 1.5 倍釀造水，預留發酵空間大概有兩成。一般的認為釀酒用的容器以陶磁罐最好，但考慮方便性與成本及釉的好壞，似乎台灣民間釀酒都以塑膠桶為多，有規模的以不銹鋼設備居多。主要是釀酒過程時酒精度仍為低度酒，塑膠桶不會溶出味道，再加上塑膠桶很輕，搬運方便，不易打破，耐用度 5 年以上應沒問題。建議用 7 斗的塑膠桶裝 2 斗米（23 台斤米），蒸餾時一次正好一桶的量，也就是 23 台斤米加水總共約 57.5 台斤（約 34.5 公斤），方便在操作台上蒸餾。

儲酒桶：一般用不鏽鋼桶（家用水塔桶要考慮材質的厚薄度）或特殊耐酸鹼的塑膠桶，分裝時再用玻璃瓶或塑膠桶來裝酒，如要考慮酒質仍應用陶瓷罐來儲存。家庭式的儲酒建議直接用玻璃瓶裝，方便保存及飲用。但是要注意氣密度，否則酒容易揮發。

酒精垂度計：酒精濃度的測定是利用酒精簡易測定器，一組內有兩支酒精垂度計，0 ～ 50 度及 50 ～ 100 度，價格約一百多元。若是酒廠專用就必須考慮用精密的酒精垂度計，一組 10 支。其測定方法是將釀好的酒倒入高瘦的玻璃量筒杯或裝測定計的塑膠筒中，然後將測定垂度計放入液體中，此時測定垂度計會隨酒精濃度的高低而浮沉，看液體表面與測定垂度計接觸之刻度即為此酒液之初步酒精濃度。再依標準 20℃下的酒精度與溫度換算表對照，即可得到正確蒸餾酒的酒精濃度。要注意的是釀造酒之酒精度測定須先定量，蒸餾後再測定與換算。

糖度計：利用糖度垂度計或糖度折光儀來測，以調整每批原料所含的糖度及水，或成品整體的糖度。

測有色酒精組

酸鹼度檢測儀

氫氧化鈉

酚酞

簡易甲醇檢測劑

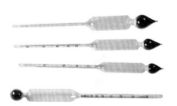

酒精垂度計

糖度垂度計

糖度折光儀

溫度計：準備一支 0 ～ 100℃ 的溫度計即可，可控制佈菌溫度、發酵溫度、酒精溫度、室內溫度，以方便環境的溫度控制。如果要安全最好用不銹鋼溫度計或電子溫度計。

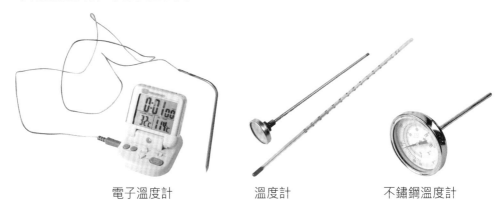

電子溫度計　　　　　　溫度計　　　　　不鏽鋼溫度計

鎖瓶器：用於成品手工鎖瓶蓋用，一般分兩類。一種是鎖皇冠蓋用，像馬口鐵啤酒瓶蓋就常用此工具；另一種是鎖長、短鋁蓋用，市面上大概 85% 以上的鋁蓋皆適用，有相當產量時則採用機械馬達旋轉式鎖蓋。

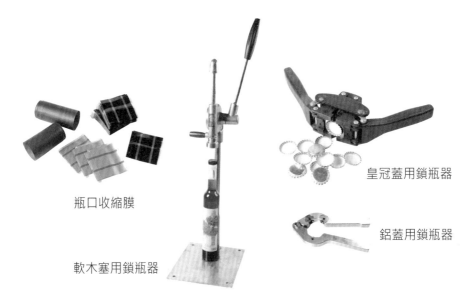

瓶口收縮膜

皇冠蓋用鎖瓶器

鋁蓋用鎖瓶器

軟木塞用鎖瓶器

蒸餾器設備：大約有三種型式，從早期用鋁製材質到現在已全面改用不銹鋼材質，幾千年來中國最傳統的蒸餾器上蓋俗稱天鍋，結合冷卻及收集酒液功能。基本上有兩種設備型式，一為冷卻器部位中間往上呈倒 V 字型，靠天鍋內邊溝收集酒的凝結液，另一種冷卻器部位中間為正 V 字型，利用 V 字型的底部加做一個收集盤或碗收集酒液。其天鍋大小，一般以一次可蒸餾 1 斗米或 2 斗米、3 斗米以上之規格居多，天鍋的大小影響購買價格及與底鍋的配套。早期一般民間蒸餾用底鍋以 2 尺 6（直徑約 80 公分）的鐵炒鍋，上蓋天鍋則以鋁製天鍋較多，後來為彌補冷卻回收效果的不足，大都會將原來兩種樣式的天鍋蒸餾設備再外接冷凝蛇管，將回收之酒液迅速出酒後降溫。市面上備有 10 尺及 20 尺之不鏽鋼蛇管。標準型天鍋一次可蒸餾 2 斗米，約需 3 小時，一組價格約 12000 元左右，簡單實用。目前也有整套不鏽鋼材質，一次可蒸 3 斗米，還有內網設備以防止酒糟燒焦，一套 3 萬多元。在十多年前我為了在全台灣教家庭自釀安全的酒而推廣家庭 DIY 蒸餾設備，當時曾改良過天鍋蒸餾設備，利用 34 公分的現成家用不銹鋼鍋做為底層裝酒醪的容器，上面則用手工打造的天鍋組，價格約在 9000 元以上，一次可蒸餾半斗米量（3.5 公斤生米），若用於蒸餾水果酒或萃取精油，一次可蒸餾容量約 20 公升，至今此設備仍沒退流行。

釀酒標籤紀錄法

釀酒標籤的紀錄分為兩種，一種為生產紀錄，為便於自我管理，務必詳細記錄品名、內容物、重量、酒麴或酵母菌量、溫度或濕度、生產日期、生產過程的管控、原物料進貨日期，尤其是使用添加物，要記錄名稱及使用量，避免重複添加而過量，以及其他特殊紀錄。另一種是依食品衛生法及菸酒管理法的商品標示來規範出品的商標標籤，避免欺騙消費者。家庭

式的釀酒，內容物及生產日期一定要標記，否則半年或1年後因陳釀關係，外觀上看起來都會雷同而無法判別。

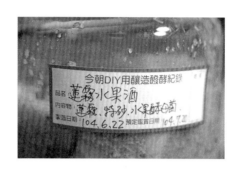

酒的儲存條件（熟成的溫度與空間）

　　酒的生產過程中，都規定要有一定的儲存期，即經過壓榨、過濾、殺菌後的新酒要在適當的容器中儲存一段時間，讓酒老熟陳化的過程，也是一般所謂的陳釀。因為新酒普遍都有口味粗燥、香味不足、不柔和及不協調等缺點，而且酒中各成分分子很不穩定，分子之間的排列又很混亂，經過一定時期的儲存，酒中各分子發生氧化除醛、酯化、水合及分子間有序排列等複雜的物理和化學變化，使香氣增加，酒味柔和。酒內各種分子間趨於協調，使酒的風味質量得以提高。

　　酒儲存時間的長短沒有明顯的界限，應該依據不同的酒種、陳化速度和銷售情況來定。理論上陳化速度與酒中浸出物的多寡及 PH 值高低等因素有關。根據大陸專家的研究，一般普通黃酒儲存一年半載就可以飲用，紹興酒儲存則多在1～3年以上。不過儲存酒的老熟度主要靠感官品嚐來判斷。

　　長期儲存酒的倉庫溫度最好保持在 5 ～ 20℃，過冷會減慢陳釀的速度，造成酒精成分與水的層析，破壞酒中成分的融合性；過熱會使酒精揮發耗損，以及發生混濁變質的危險。

如何測酒精度

　　會喝酒的人，不一定需要會測酒精度，但會釀酒的人，一定要會測酒精度。目前台灣政府也是以酒精度作為課稅的基準。早期私酒銷售都是用 20 公升的塑膠桶裝，私酒在蒸餾時就將桶子放在出酒口，從頭收到尾，酒精度平均是 33 度，卻對外號稱 40 度賣給街坊鄰居。重量或容量或許是足量的，但酒精度卻不精準，造成每批貨品質不一，而常發生無謂的糾紛。原因在於很多人因師傅或家人的傳承而學會釀酒，卻沒有工具或常識而不會測酒精度。早期要在民間買到酒精垂度計是不容易的，現在就非常容易，只是買到的是否精準或會不會換算。

　　測酒精度，一般分為兩大類，一種是直接測量清澈透明的蒸餾酒（俗稱白酒），一種是測量帶有顏色的蒸餾酒，或是經過濾、沉澱，帶有顏色或透明的釀造酒。只要酒中有顏色或含有殘糖量太多，都會影響測酒精度的準確性。

〈測酒精度需準備的材料設備〉

· 100cc 欲測酒精度的酒樣品
· 100ml 的玻璃量筒
· 0 ～ 50 度和 50 ～ 100 度的酒精垂度計 1 組
· 10 ～ 100℃ 溫度計 1 支
· 20℃ 基準的酒精度與溫度校正表 1 份
· 500ml 或 1000ml 容量的實驗室玻璃蒸餾器 1 組

酒精度與溫度校正表

溶液溫度(℃)	酒精計示值															
	0	0.5	1.0	1.5	2.0	2.5	3.0	3.5	4.0	4.5	5.0	5.5	6.0	6.5	7.0	7.5
	溫度20℃時用容積百分數表示的酒精濃度															
10	0.8	1.3	1.8	2.4	2.9	3.4	3.9	4.4	5.0	5.5	6.0	6.5	7.1	7.6	8.2	8.7
11	0.8	1.3	1.8	2.3	2.8	3.3	3.9	4.4	4.9	5.4	6.0	6.5	7.0	7.6	8.1	8.6
12	0.7	1.2	1.7	2.2	2.8	3.3	3.8	4.3	4.8	5.4	5.9	6.4	6.9	7.5	8.0	8.5
13	0.7	1.2	1.7	2.2	2.7	3.2	3.7	4.2	4.8	5.3	5.8	6.3	6.8	7.4	7.9	8.4
14	0.6	1.1	1.6	2.1	2.6	3.1	3.6	4.2	4.7	5.2	5.7	6.2	6.7	7.3	7.8	8.3
15	0.5	1.0	1.5	2.0	2.5	3.0	3.6	4.1	4.6	5.1	5.6	6.1	6.6	7.2	7.7	8.2
16	0.4	0.9	1.4	1.9	2.4	2.9	3.4	4.0	4.5	5.0	5.5	6.0	6.5	7.0	7.6	8.1
17	0.3	0.8	1.3	1.8	2.3	2.8	3.4	3.9	4.4	4.9	5.4	5.9	6.4	6.9	7.4	8.0
18	0.2	0.7	1.2	1.7	2.2	2.7	3.2	3.7	4.2	4.8	5.3	5.8	6.2	6.8	7.3	7.8
19	0.1	0.6	1.1	1.6	2.1	2.6	3.1	3.6	4.1	4.6	5.2	5.6	6.1	6.6	7.2	7.6
20	0.0	0.5	1.0	1.5	2.0	2.5	3.0	3.5	4.0	4.5	5.0	5.5	6.0	6.5	7.0	7.5
21		0.4	0.9	1.4	1.9	2.4	2.9	3.4	3.9	4.4	4.8	5.4	5.8	6.3	6.8	7.3
22		0.2	0.7	1.2	1.7	2.2	2.7	3.2	3.7	4.2	4.7	5.2	5.7	6.2	6.7	7.2
23		0.1	0.6	1.1	1.6	2.1	2.6	3.1	3.6	4.1	4.6	5.0	5.5	6.1	6.6	7.0
24		0.0	0.4	0.9	1.4	1.9	2.4	2.9	3.4	3.9	4.4	4.9	5.4	5.8	6.3	6.8
25			0.3	0.8	1.3	1.8	2.2	2.8	3.2	3.7	4.2	4.7	5.2	5.7	6.2	6.6
26			0.1	0.6	1.1	1.6	2.1	2.6	3.1	3.6	4.0	4.5	5.0	5.5	6.0	6.4
27			0.0	0.4	1.0	1.4	1.9	2.4	2.9	3.4	3.9	4.3	4.8	5.3	5.8	6.3
28				0.3	0.8	1.3	1.7	2.2	2.7	3.2	3.7	4.2	4.6	5.1	5.6	6.1
29				0.2	0.6	1.1	1.6	2.1	2.5	3.0	3.6	4.0	4.4	4.9	5.4	5.8
30				0.1	0.4	0.9	1.4	1.9	2.4	2.8	3.3	3.8	4.2	4.7	5.2	5.6
31					0.2	0.7	1.2	1.7	2.2	2.6	3.1	3.6	4.0	4.5	5.0	5.4
32					0.1	0.6	1.1	1.6	2.1	2.6	3.0	3.4	3.8	4.3	4.8	5.2
33							0.9	1.4	1.9	2.4	2.8	3.2	3.7	4.2	4.7	5.1
34							0.8	1.3	1.8	2.2	2.6	3.0	3.5	4.0	4.5	4.9
35							0.6	1.1	1.6	2.0	2.4	2.8	3.3	3.8	4.3	4.9

〈釀造酒、果蔬酒、有顏色的酒精測定法〉

1. 先取欲測的釀造酒、果蔬酒、有顏色的酒液 100ml。

2. 取一個實驗室用的 500ml 或 1000ml 容量的玻璃蒸餾器，將所取樣的 100ml 釀造酒、果蔬酒酒液倒入其中，另再加入 100ml 蒸餾水混合一起蒸餾，蒸餾後收集蒸餾出的 100 ml 酒液。

3. 若收集在 95ml 以上而未達 100ml 時，可再加蒸餾水將冷凝管底端的殘液洗至接收瓶，補足至 100ml。徹底混勻，將蒸出液倒入 100ml 量筒中，起泡性大的水果酒液，可加一滴消泡劑。

4. 先用溫度計測出酒液當時的溫度，並記錄下來。取出溫度計。將適當濃度範圍的酒精垂度計放入欲測的酒液中。

5. 同時轉動酒精垂度計甩開多餘的水，等酒精垂度計停止不動時，即可記錄與酒液平行之酒精垂度計刻度。

6. 然後以此兩數據（酒溫度、酒精度）查「酒精度與溫度校正表」（P. 78 圖表）換算出正確之酒精度。

7. 查表時先查看對照上面欲測酒液所測出的酒精度，然後再對照查看左邊欲測酒液所測出的酒溫度，以對照出數據的橫軸與縱軸所交叉的數字即為真正的酒精度。

〈注意事項〉

·操作前要檢查蒸餾器的各玻璃器材連接處（尤其是冷凝管處）是否緊密。

·接收瓶可置於水浴中，要注意冷凝管之冷凝力要足夠讓酒液迅速冷卻。

·當揮發性酸度超過 0.1%，二氧化硫（SO_2）含量高於 200mg/L，會干擾此法，故需先將預備測的樣品酒液中和，再行蒸餾。

·使用之酒精垂度計檢查是否為 20℃ 規格，以及量筒等均須保持乾淨。

·沒有經過校正過的酒度垂度計，所測出的酒精度只能做參考用。

〈蒸餾酒（白酒）的酒精測定法〉

1. 先取欲測的酒液 100ml，裝至 100cc 的玻璃量筒中。

2. 先將溫度計放入量筒中測出欲測的酒液溫度，記錄下來。取出溫度計。

3. 將適當濃度範圍的酒精垂度計放入欲測的酒液中，同時轉動酒精垂度計甩開多餘的水，等酒精垂度計停止不動時，即可記錄與酒液平行之酒精垂度計刻度。

4. 然後以此兩數據（酒溫度、酒精度）查「酒精度與溫度校正表」換算出正確之酒精度。

5. 查表時先查看對照上面的欲測的酒液所測出的酒精度，然後再對照查看左邊欲測的酒液所測出的酒溫度，以對照出數據的橫軸與縱軸所交叉的數字即為真正的酒精度。

如何測酸度

測酒的酸度，一般是以測醋酸的酸度為主體，也有些酒是測琥珀酸為主體，如黃酒。以測酒石酸為主體，如葡萄酒。不管測哪種酸，測酸的方法是一樣，只是在換算酸的主體係數時，係數不同而已，需特別注意。

〈酸度的測定法〉

以酚酞作指示劑（或使用酸鹼度計），滴定鹼標準溶液，根據鹼的用量換算成樣品中主體酸之含量。

〈試劑與儀器〉

· 0.1 mol/L NaOH 標準溶液（鹼標準溶液）
· 1% 酚酞指示劑
· 1ml 及 10ml 玻璃吸管或針筒
· 100 ml 玻璃量筒
· 250 ml 玻璃三角瓶
· 玻璃滴定管
· 橡膠控制吸球

〈操作方法〉

1. 量取蒸餾水，定量 95ml，倒入 250ml 的三角瓶中。

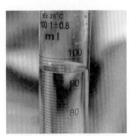

2. 精確吸取醋樣 5ml，注入三角瓶中。

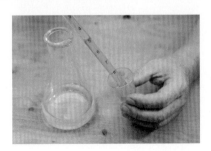

3. 吸取 1% 酚酞指示劑 3 ～ 4 滴，注入三角瓶中，搖均勻。

4. 陸續加入 0.1mol/L 氫氧化鈉溶液，滴至剛呈微紅色，記錄滴下的 cc 數，搖晃均勻至液體顏色不再消失即停止。

5. 記下耗用的 0.1mol/L NaOH 標準溶液毫升數（V）

〈計算公式〉

總酸含量（g/100ml）（以醋酸計）＝ V×C×0.06÷V1×100

公式中 V：耗用 0.1mol/L NaOH 標準溶液的體積（ml）

C：NaOH 濃度（mol/L）

0.06：醋酸的毫摩質量（g/mol）（醋酸的系數）

V1：吸取樣品體積（ml）

（即 V×0.1×0.06÷5×100 ＝醋酸的酸度 或 V×0.12 ＝醋酸的酸度）

〈注意事項〉

　·上述測酸度的方式，是一種較簡易的可行方式，要學習更精確的另一種模式可上網至財政部的菸酒管理網站，可能光買精密電子秤就會花費不少錢。另外常見許多人用 PH 值的酸鹼值測定酸度，這不是真正的酸度測定法，只能證明它是酸性或是鹼性。有人用 PH 筆測酸度，出現數值後再加 2 即為此醋的酸度，有時測 4.5 度以下的酸度時會準，但測 6 度以上的酸度如陳年醋就會失真。

　·琥珀酸的毫摩質量（g/mmol）為 0.059。

　·檸檬酸的毫摩質量（g/mmol）為 0.064。

　·蘋果酸的毫摩質量（g/mmol）為 0.067。

　·酒石酸的毫摩質量（g/mmol）為 0.075。

　·草酸的毫摩質量　（g/mmol）為 0.045。

　·乳酸的毫摩質量　（g/mmol）為 0.090。

　·1 摩爾（mol）＝ 1000 毫摩爾（mol）。

　·通常把 1 摩爾物質的質量，叫做該物質的摩爾質量（符號是 M）。

　·摩爾質量的單位是克 / 摩（符號是 g/mol）。

如何測糖度

測糖度一般常用的有兩種方式。一種是用便宜的玻璃糖度計來測，但通常適用的範圍很小，測蔗糖準確，但測水果糖度誤差相當大，而且樣品汁液量要多，至少 100cc；另一種是用折光計的方式來測，需要測樣品的汁液量只要一點點，不到 1cc 即可。通常我都是用糖度折光計來測糖度，主要考慮方便性。一方面只要一滴液體就可以測，不需要準備 100cc 液體才可以測。至於品牌方面見仁見智，價格上有兩千多元至一萬五千多元，有數位式顯示的較貴。每次用完一定要做好清潔保養工作，尤其進光板接觸到樣品甜味的部分要用水擦拭乾淨。

〈傳統的糖度垂度計方式〉

使用方法：

1. 先取欲測的糖液 100ml，裝至 100cc 的玻璃量筒中。

2. 將溫度計放入量筒測出欲測的糖液溫度，並記錄下來。取出溫度計。

3. 將適當濃度範圍的糖度垂度計放入欲測的糖液中，同時轉動糖度垂度計甩開多餘的水，等糖度垂度計停止不動時，即可記錄與糖液平面之糖度垂度計刻度。

4. 然後以此兩數據（糖液溫度、糖度）查「糖度與溫度校正表」換算出正確之糖度。

5. 由於糖度與溫度之影響誤差很小，一般都忽略它，沒有做換算，通常直接以測得的糖度為糖度。

注意事項：若用來測純砂糖溶液，精確度可信，若用來測水果汁糖度，僅供參考。

〈用折光計測糖度〉

此法是目前最方便的方式，很多時候價格只差在品牌，至於精確度或耐用度則差不多。台灣較喜好日本品牌，但往往日本品牌又是在大陸製造。一般常見的糖度計有分測 0～32 度糖度及 0～85 度糖度兩種。測糖度的範圍越大，則折光儀視場的刻度就越小，越不明顯，對工作的使用清晰度不力。如果不常測蜂蜜糖度，建議買測 0～32 度的糖度折光儀即夠用。

使用方法：

1. 使用前先將糖度計校正歸零，打開進光板，用柔軟絨布將折光稜鏡擦拭乾淨。

2. 將 2～3 滴蒸餾水滴於折光稜鏡上，輕輕合上進光板，使溶液平均分布於折光稜鏡表面，並將儀器進光板對準光源或明亮處，用單眼通過接目鏡觀察視場，如果視場明暗分界線不清楚，則旋轉視鏡調節接目鏡轉環，將接目鏡貼近眼睛並保持平行，使視鏡清晰。如果未歸零，打開調節螺絲套膠，用手或螺絲起子旋轉至明暗分界線（藍色）至零的位置，即為歸零校正的動作。

3. 測糖度法：擦淨折光稜鏡表面液體，用吸管吸取待測糖液於折光稜鏡表面，輕輕合上進光板，使溶液平均分布於折光稜鏡表面，並將儀器進光板對準光源或明亮處，眼睛用單眼通過接目鏡觀察視場，如果視場明暗分

界線不清楚，則旋轉視鏡調節接目鏡轉環，將接目鏡貼近眼睛並保持平行使視鏡清晰，觀察折光儀上之刻度，並記錄刻度，此即為待測液體的糖度。

注意事項：

‧使用要小心，不能碰撞、掉下和劇烈震動。

‧使用後不能整支放入水中清洗，只能用乾淨布擦拭。折光稜鏡要用柔軟絨布擦拭，不能刮傷折光稜鏡。

‧儀器應置於乾燥處。

‧使用手持糖度計時，用左手 4 指握住橡膠套，右手調節接目鏡（試鏡調整轉環）防止體溫傳入儀器，影響測量精確度。

酒類調酸調鹼的做法

酒的內容物中多少都有點微酸，每家所訂的標準不一，酸度從 0.3 到 0.8 都有，主要是要讓酒體協調，何況酒在發酵過程，若是用太酸太鹹的原料，都會影響整體的發酵，所以必須作生產前或生產後微調。自己釀酒自己喝盡可能不要額外加東加西，用天然原味的材料最好。當然也可學習日本釀酒 DIY 做法，釀酒初期將酒醪 PH 值調降低，酸度不夠時就加入半顆天然的檸檬汁來調酸。

〈常見可使用的調酸劑〉

檸檬酸（Citric Acid）

檸檬酸是其他水果中的主要有機酸，但在葡萄中含量不多，它可以防止鐵化合物所引起之混濁及沉澱，可進一步穩定酒質。另外檸檬酸亦可用來中和過濾材質及當作釀酒環境之消毒劑。

．使用方法：通常是酒液經過澄清、穩定後，於過濾前加入檸檬酸。

．添加量：每 100 公升酒液加入 7.5 ～ 15 公克。每公升的酒液添加 1 公克的檸檬酸可增加約 0.1% 的酸度。

蘋果酸（Malic Acid）

蘋果酸和檸檬酸一樣常用來彌補其他水果酸度之不足，用法如檸檬酸。

酒石酸（Tartaric Acid）

酒石酸是葡萄中最主要的酸，可添加在酸度低於 0.5% 或 PH 非常高的任何低酸度果汁中，用來改善風味、幫助澄清及防止污染。也可以用來矯正降酸時添加過量的碳酸鈣或碳酸氫鉀。

．使用方法：通常是酒液經過澄清、穩定後，於過濾前加入酒石酸。

· 添加量：每 100 公升酒液加入 7.5 ～ 15 公克。每公升的酒液添加 1.1 公克的酒石酸可增加約 0.1％的酸度。

〈常見可使用的降酸劑〉

碳酸鈣（Calcium Carbonate）

用來降低發酵醪或酒液之酸度，主要是與酒石酸發生反應（非蘋果酸）。

· 使用方法：使用量不要超過 0.3 ～ 0.4％，使用時機越早越好，讓酒石酸有足夠時間穩定下來。

· 添加量：每公升的酒液添加 0.62 公克的碳酸鈣可降低約 0.1％的酸度。

碳酸氫鉀（Potassium Bicarbonate）

可用來降低發酵醪或酒液之酸度。

· 使用方法：最適合的使用時機為酒石酸冷凍安定處理後至裝瓶前。若 PH 超出 3.5 或所需調降酸度達 0.3％時，應避免使用此劑。

· 添加量：每公升的酒液添加 0.85 公克的碳酸氫鉀可降低約 0.1％的酸度。

活化酵母菌

　　酵母菌的活化在食品發酵上是非常重要的一環，一方面檢視準備的酵母菌是否可用，有沒有失效，先花 30 分鐘即可觀察研判；另一方面可進一步做檢測適應生產前的準備工作。雖然有些專家主張酵母菌不一定需活化再用，但我認為最好都做活化的步驟，先多出 30 分鐘做酵母菌活化甦醒增殖，比起花 4、5 天擔心生產的酵母菌是否有活化來得好。甚至我都堅持做發麵麵食時，先將酵母菌加水活化，再加入其他原料混勻，讓產品內部的發酵品質較細緻。

〈活化工具〉

三角瓶、圓柱狀量筒、溫度計、酵母菌、砂糖。

〈活化步驟〉

1. 取酵母菌 10 倍量之 37℃ 溫開水。

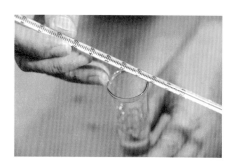

2. 注入三角瓶中。

3. 加入少許砂糖。（糖度 2 ～ 3%）

4. 加入定量好的酵母菌。

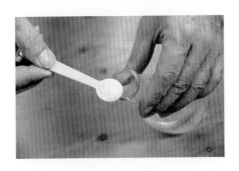

5. 充分搖均勻。

6. 蓋上紙張防止灰塵及小昆蟲等掉入。

7. 待液體表面產生厚厚一層泡沫即活化完成。

電子秤使用方法

電子秤目前應用在家庭加工上非常普遍，烘焙或米麵食加工都會用到，釀酒也是。主要用在定量，讀者可依情況做準備，或者請供應商定量好每次需使用的原料，回家做時就不須再秤一次。

電子秤的使用隨價格、配備，精密度會有所不同，便宜的電子秤誤差值在 1 ～ 3g 皆屬正常，了解屬性後自己去調整才是正途。電子秤最好用的部分是歸零和扣掉容器的重量，另單位的換算要注意。

〈秤量步驟〉

1. 通常電子秤先將開關打開，讓它歸零再用。
2. 先注意使用的單位是否有誤，一次最高可秤多少公斤。

3. 將容器放於秤上，按歸零按鍵，將容器重量扣除。

4. 將原料放入容器中，所得出來的數字即為原料的重量。

5.5 公克以內的重量，不要單獨秤，擔心誤差值太大。

～～ 如何澄清過濾 ～～

酒的過濾是一門很重要的課題，如果釀酒後不急著喝，我會建議一律採取用澄清過濾的方式來處理酒質，效果很好而且又不花錢。很多時候只須不斷用轉桶換桶的方式澄清。

如何澄清過濾？澄清與過濾的差異在於，澄清只是靜態的放置，讓內容物隨時間增加而下沉成清澈狀。過濾就必須使用濾袋工具一次或多次過濾，讓通過的液體逐漸清澈。如果只用過濾，或多或少仍會有殘渣，最後用澄清的方式就可以達到很好的效果。家庭式釀酒可多利用粗過濾後再澄清，產品可達水準級以上，也不會有因過濾動作帶來不必要的異味。

我的后里朋友，每年用此法釀黑后葡萄酒效果很好，酒質澄清又不沉澱，如果用壓榨，最終會出現酒質沉澱現象。蒸餾酒最終一定會清澈透明，而釀造酒如果發酵良好，最終酒液也都會固體、液體分離並自動澄清，此時只取上面的澄清酒液即可，最後再將渣集中壓榨過濾，再集中澄清，重複做幾次。

如果用設備來過濾，一定要先粗過濾處理去渣留下液體，才可進行澄清或細過濾處理。我發現用珪藻土過濾機來過濾酒的效果很好，利用珪藻土的粗細及活性碳顆粒的大小，可將雜質過濾的很清澈。可是如果用板式擠壓機來濾酒，它的壓力往往會影響結果，而且很容易堵塞，加上板片的成本較高。建議也不要用過濾水的馬達設備來過濾酒，因為用過濾水的過濾膜來過濾酒沒問題，但馬達很容易壞掉。若真的要用此設備，建議將原馬達更換成耐酸鹼馬達，一顆約兩千多元。可將需要過濾的酒放於高處，利用高低落差方式使它自然流動，通過 $0.2 \sim 0.5\mu$ 濾心流出來即是。

如何轉桶或換桶

　　什麼是轉桶換桶？釀酒中轉桶或換桶是幫助發酵的一種步驟，利用轉桶換桶的過程讓發酵物接觸到空氣，增加發酵醪的氧氣量來幫助發酵，當然也有利用轉桶與換桶來澄清發酵液，達到產品清澈的效果，提升產品的品質。

短期發酵與長期發酵

　　發酵期間的長短，常與原料或所需的風味有關。一般比較不在乎發酵期的長短，在乎的是產出的風味好壞、有沒有達到預期目標，或是否發酵完全不浪費材料。早期民間米酒之發酵期 1～3 個月，主要酒質會更柔順，香氣會更飽滿。現在釀酒，以米酒的發酵來說，夏天為 7 天，冬天為 10 天，大概都可以完成再去蒸餾，蒸餾後再透過熟成技術和過濾設備來達到迅速出貨的目標。如果米酒用在料理或做再製酒，好像差異不大，如果直接飲用就會有明顯差異。

如何滅菌

　　環境中的許多地方，如空氣桌面及雙手等等，微生物的蹤影無所不在。而在微生物實驗時，分離菌株或純培養所使用的各種材料，如培養基（Media）、容器（Containers）及器材（Instruments）等，多附有雜菌，必須事先去除，並破壞其各種生命形式，包括營養細胞、內孢子（Endospore）及病毒（Virus）等，務使完全滅菌至無菌程度才可應用，而此除去或殺死附著雜菌的方法，稱之滅菌法。常用之滅菌方法很多，應考慮滅菌對象之性質和使用之目的來選擇適用的方法。以不改變物質之本

質，僅能殺死雜菌為原則，達到控制微生物的生長為目的。其中過濾滅菌法中不含去除病毒以外的微生物，濾液可能含有病毒的存在。下面介紹實驗室常用的滅菌方法，在釀酒、釀醋過程中，我們通常會取用幾種方便的方法，或許名詞記不起來，能實際操作即可。

〈乾熱滅菌法（Dry Heat）〉

直接加熱以火焰或高熱使細菌或微生物喪失活性或水分而死亡。多用於器具或耐高溫之物品的滅菌。

一・火焰滅菌法（Red Heat in the Flame）

・**原理**：直接以火焰加熱滅菌。

・**適用範圍**：一般用於接種鉤、接種針（Incubation Needle）、接種環（Incubation Loop）等之滅菌。

・**方法**：

1. 在酒精燈或本生燈火焰上加熱至赤紅，沾於營養平板中無菌的瓊脂（agar）上冷卻後再使用。

2. 微生物接種時，試管口或錐形瓶瓶口亦可以火焰灼燒，但須特別留意不要燒著棉塞。

3. 蓋玻片或載玻片可通過火焰滅菌數次。

・**注意事項**：操作時，應保持安全距離。頭髮應束起，以免被火燒焦。嚴禁以口吹氣或在空氣中揮動使其冷卻。

二・浸酒精燃燒滅菌法（Flaming after Dipping in Ethanol）

・**原理**：以酒精浸漬後燃燒滅菌。

・**適用範圍**：使用於鉗子、剪刀、鑷子及塗佈細菌用的玻璃棒（Glass Spreader）。

· **方法**：先浸在 75％ 酒精中，再以酒精燈使其燃燒。在輕觸平板上蓋無瓊脂處冷卻後使用。

· **注意事項**：在浸酒精後，應注意勿使燃燒中的酒精滴入酒精盤中或桌上，而導致酒精的燃燒。如燃燒時，應使用濕毛巾或大燒杯予以掩蓋隔絕空氣以滅火。

三 · 熱空氣烤箱滅菌法（Hot Air Oven）

· **適用範圍**：乾燥及耐熱的物品，如玻璃培養皿（Petri-Dish）、玻璃吸管（Pipette）、含棉塞的玻璃試管（Test Tube）、錐形瓶（Flask）、礦物油（Mineral Oil）等等。

· **方法**：將待滅物洗淨且使其無水分後置於烤箱，通電使烤箱溫度上升，當溫度指示到 180℃ 時，起算 2 小時以上才能完全滅菌。滅菌標準為棉塞及包紙均變味，呈焦色程度為宜。

· **注意事項**：

· 使用烤箱滅菌前，要將玻璃培養皿及試管清洗乾淨，並且乾燥後置於不鏽鋼筒中，再放入烤箱中滅菌。

· 不宜使用報紙。

· 進行乾熱滅菌過程中，不宜開啟烤箱門，以免著火危險。

· 使用烤箱滅菌完畢後，必須等溫度下降至 40 ～ 50℃ 才可開啟烤箱的門，且取出的物品必須避免碰撞，否則容易破損。

· 焊接金屬等器具不能耐高溫，故不宜使用此法。

〈溼熱滅菌法（Wet Heat）〉

以高溫（或加以高壓）使細胞致死，且溼熱滅菌較乾熱滅菌效果好。使用範圍廣泛，如含液體之培養基和試劑、塑膠製品、不耐高溫的器具及培養基…等等。而含水氣及高壓，乾燥及易變形之物品不適用於此滅菌法。

一·水浴煮沸法（Boiling Water Bath）

· **原理**：利用高溫水煮方式，將不形成內孢子的細菌消滅。

· **適用範圍**：一般用於簡單器具，如雜用之金屬器具。這一直是家庭中最簡單好用的方法，我們常用於釀漬瓶罐的滅菌。

· **方法**：水浴中或水中煮沸 5 ～ 10 分鐘，足以殺死一般不會形成內孢子（Endosopre）的微生物。

二·高壓蒸汽滅菌法（Autoclaving）

· **種類**：分為直立式及橫躺式兩種高壓滅菌器，為目前最主要的滅菌方法。

· **原理**：以 100℃ 以上（一般約 121℃），相當於 1.2kg/cm2，做短時間（一般約 10 ～ 20 分鐘）一次滅菌，則可將耐高溫之孢子殺滅，適用於培養基、衣物、橡膠類或乾熱法易破壞成分者。通常實驗用試劑或培養基在高熱時會相互反應，為了保持物質本質，可分別滅菌後再混和調製。

〈過濾滅菌法（Filtration）〉

· **種類**：常用的過濾裝置是一種特殊的濾菌器，使用的濾膜稱 Milliporemembrane，其孔徑小於一般細菌的直徑，分為 0.45mm 與 0.22mm 等多種，配好的溶液或培養液，當通過此濾膜時，所含有的細菌無法通過濾膜，故由濾膜流出之濾液為無菌狀態。

· **原理**：濾膜（Filter）小孔的過濾作用及電荷之不同而將菌體吸附於濾膜上，但對病毒無效。

· **適用範圍**：有些材料易被高熱破壞成分，如血清（Serum）、抗生素（Antibiotic）溶液、醣類（Saccharides）溶液、氨基酸（Amino Scids）溶液、維生素（Vitamins）溶液…等，得採用過濾除菌以達到無菌目的。

〈放射線滅菌法（Irradiation）〉

以 γ- 射線和來自電子產生器或電子加速器的陰極射線，皆是射線滅菌法的材料。但以紫外線滅菌的穿透力較弱。

紫外線滅菌法（Ultraviolet）

・**原理**： 大多數之細菌經紫外線之照射可殺滅。紫外線光波 2500 ～ 2600A 之輻射殺菌力最強。

・**方法**：紫外線除了能殺滅細菌外，黴菌孢子、濾過性病毒、嗜熱菌細胞等均可用紫外線使之致死或破壞。可用市售之紫外線殺菌燈來滅菌，又日光中含紫外線，故日光可殺滅透明液之菌體。

・**注意事項**：勿使眼睛直視紫外光燈，如必要應該配戴眼鏡或護目鏡。

〈化學法滅菌〉

所謂化學法滅菌，即以化學試劑處理，以達到控制菌體生長之目的。其根據的原理，是使微生物細胞蛋白質變性（Denature），但應避免應用對於儀器有腐蝕作用或對於人體產生毒害之藥物。效果常以石炭酸係數（Phenol Coefficient）表示。即以消毒劑與石炭酸個別在 10 分鐘內能殺死細菌（在 5 分鐘內不能殺菌）的稀釋倍數之比值，稱為石炭酸係數。橡膠、塑膠等製品、手指、試驗台、無菌箱、厚玻璃器具等，不能實施加熱滅菌時，可使用化學藥劑滅菌。若培養皿、試管、載玻片等迅速滅菌時，亦可用之。

一・酒精：

・**原理**： 70 ～ 75％酒精溶液較純酒精殺菌力強，為一種常用之簡易滅菌劑。

・**適用範圍**：可用於手指、無菌箱、橡皮塞、軟木塞、燒杯（Beaker）、錐形瓶（Flask）、試管、玻璃棒或金屬器具等滅菌。

‧**方法**：將酒精溶液噴灑或擦拭於待滅菌體表面。

‧**注意事項**： 切勿將酒精噴至眼睛及其他人員。這也是是家庭中最簡單好用的方法，我們常用於釀漬時，對人、設備、環境各種消毒與滅菌。

二‧昇汞水（HgCl$_2$‧二氯化汞）

用作有機合成的催化劑、防腐劑、消毒劑和分析試劑，屬於劇毒物品，要慎用。

三‧甲醛液

甲醛（或稱蟻醛）分子式為 HCHO。

四‧逆性肥皂液

‧**原理**： 是一種比較新的滅菌液，其殺菌力未及昇汞水高，為一種表面活性劑，又稱陽性肥皂。因其毒性低又無刺激，對人之副作用少，所以近來多採用。

‧**適用範圍**:可用作洗手、玻璃器具或實驗台、調理台、橡膠製品之滅菌。

‧**方法**：其濃度為 1/5000 ～ 1/10000 可滅菌。

五‧清潔劑及漂白水

乃良好之殺菌劑。

‧**適用範圍**:玻璃器皿或橡膠製品。這也是是家庭中最簡單好用的方法，我們常用於釀漬時，對人、設備、環境各種消毒與滅菌。

‧**方法**： 千倍稀釋後浸泡玻璃器皿或橡膠製品可達良好效果。於組織培養中可使細胞致死。

酒粕的處理與運用

釀酒後，最終都會產生酒粕的產物，傳統上通常都將酒粕做為養殖飼料及種植肥料。像金門酒廠現在的酒粕都是拍賣出去，讓牛農當牛飼料，額外增加一筆收入。在大陸少數地方，將酒粕加入特殊中草藥材，做成醃漬料理用的調味包。目前經濟價值較高的是拿酒粕做成酒粕面膜或沐浴相關產品，不管如何一定要注意到各種產品的屬性與特性。

真酒與假酒之分

真酒與假酒如果沒有用儀器去判別，真的不容易分辨，比較多問題的是米酒，市面上存在許多沒有米原料做出來的米酒，即使它的價格高，來源不容易，以後一定不會再碰此酒。基本不貪杯，不喝沒把握的、不安全的酒。不要太愛面子或太好奇就比較不容易喝到假酒。

在台灣因酒類課稅，所以民間存在許多私釀酒，私酒只是代表未合法完稅的酒，不代表一定是壞酒或劣酒。

消毒用酒精製法

釀酒前一定要做好準備工作，早期的釀酒人在釀酒前一定會將工具做好清潔及曝曬，主要是做消毒滅菌。日曬是方法之一，也有用蒸煮法，如早期的瓶瓶罐罐用熱水煮過作消毒滅菌，也可以用食品級消毒水做消毒，但最方便的是用酒精消毒即可。早期醫院有已調好的 75 度消毒用酒精，民間或實驗室如果要自用一定要自己調，目前在民間的藥妝店已有賣 75 度消毒用酒精，很方便。我認為用酒精消毒工具或環境應沒問題，如果要

用於食品表面或罐內消毒，自己用食用酒精或精製酒精調製會更安心些，成本也會更便宜。

〈如何利用食用酒精來殺菌或預防污染〉

國際專家認為，酒精殺滅微生物最有效的濃度是 75 度（75%）。

只要在釀造醋、酒或其他發酵醃漬製品生產過程中，不管是操作人的手部、腳鞋、器材的消毒、場地環境的消毒或是釀酒、釀醋、釀造、釀漬製品時，只要表面有些污染出現，就立刻用 75 度酒精進行單次或多次消毒，等酒精液乾燥後再用。（尤其也不必擔心在釀醋時，是否因此同時將好的醋酸菌殺死。進行表面的噴灑很容易將雜菌殺死，最好連續進行 3 天不間斷的消毒工作。75 度的酒精對表面的醋酸菌只要殘留酒精劑量不太高，反而能成為額外的營養源，因為醋酸菌耐酒精度可達 9 度，所噴灑的酒精一旦溶於醋醪中，會被醋醪稀釋成營養源，故 75 度的酒精是釀醋過程中很好的幫手。）

〈調製 75 度酒精的方法〉

1. 可至藥局買市售 95 度的藥用酒精或台菸酒公司出品的優質酒精，台糖出品的精製酒精，或至酒廠、酒精專賣店、貿易商買 95 度的食用酒精。

2. 只要抽取出 75 cc 的酒精，加蒸餾水或純水 20 cc。混勻調整容量變成 95 cc 的 75 度酒精。

3. 以此類推，調製所需之量即可。

4. 現在藥妝店已有市售的現成 75 度酒精，買來即可用，但不要買內容物中有添加香精類或甘油類的 75 度酒精。

注意事項：千萬不要為了省錢，用蒸餾時去酒頭的高度甲醇來當 75 度酒精滅菌。

分量單位使用說明

〈重量單位的換算〉

1 噸 ＝ 1000 公斤（kg）

1 公斤（kg）＝ 1000 公克（g）＝ 2.2 磅 =1000cc

1 磅 ＝ 454 公克（g）

1 台斤 ＝ 0.6 公斤（kg）＝ 600 公克（g）＝ 16 兩 ＝ 600cc

1 兩 ＝ 37.5 公克（g）

1 市斤 ＝ 0.5 公斤（kg）＝ 500 公克（g）

〈容量單位的換算〉

1 斗 ＝ 7 公斤（kg）＝ 11.5 台斤

1 大匙 ＝ 15 公克（g）＝ 3 小匙 ＝ 15cc

1 小匙 ＝ 1 茶匙 ＝ 5 公克（g）＝ 5cc

1 杯 ＝ 16 大匙 ＝ 240cc

Chapter 9

穀類、澱粉類原料釀造酒

酒的來源一定是從釀造酒開始，古代所傳下來的很多醫療書籍中記載酒用於醫療，有內服的藥酒或保健酒，以及外用的酒就稱為藥洗，用於跌打損傷，退瘀青紅腫，這也證明很久之前就有再製酒的存在。古人將有用的中草藥浸泡於酒中，萃取出有效的成分，這些都是專門工匠必須專業完成的。

一般原料因為默默在天然或人工添加的酒麴（釀酒微生物）作用下，不知不覺就產生酒精，很多人因為不瞭解釀酒變化的過程，而誤以為壞掉或不敢飲用。所以前幾篇建議學釀酒最好從甜酒釀開始，把釀酒的發酵過程與發酵變化徹底搞清楚，奠定釀酒發酵基礎後，除了釀酒主原料與輔料的加減變化外，輔助設備的好壞與操作的便利性都有關聯性，如果事前的準備充分，要釀出一般好酒真的不困難。

穀物或澱粉類的原料，一般都須經液化或糊化才可以用來釀酒，濕度不夠，微生物難以生存，自然無法產生預期變化，所以要釀出好酒就必須先煮出好飯來。

如何煮飯

我分三個不同設備的煮法來做說明。第一部分是用傳統的蒸斗來煮飯，它的好處是一次可煮 1 ～ 50 台斤的米，以家庭式釀酒的量來說算多，蒸出的飯是香 Q 的，飯粒飽滿。第二部分是用電鍋煮飯，它的缺點是一次煮出的飯量較少，即使用自助餐的煮飯設備最多一次也只能煮 10 台斤米，優點是方便性，技術層次較少。第三部分是用燜煮法或設備來煮高粱飯，它的優點是省燃料費，能讓帶殼的原料裂殼，助於釀酒微生物的生存。

〈木製蒸斗煮飯法〉

　　客家蒸斗及原住民蒸斗在原理上都相同，唯一不同的是材質與製作方法。客家人喜歡用杉木來做廚房或家具材料，而且是用一片片木板無縫拼合而成，若有壞的只須將壞的那片木板抽換即可。原住民是用山上的大梧桐木來製作，直接砍一段木頭，挖空，而且是一體成形，缺點是木頭裂開就無法補救，只好重新再做一個，而且受限天然木頭直徑的大小，無法做太大的蒸斗。

1 首先，先將秤好的白米洗淨，覆水浸泡約 2 小時（夏天）至 4 小時（冬天）以上。蒸煮時，仍要再洗過浸泡一次，直到不再有乳白色的米汁，以減少酸味。一般習慣是晚上浸泡米，第二天早上就可蒸飯，只是夏天溫度過高不可浸泡太久，每 4 小時需換水一次才行。

2 生米量最好在木製蒸斗容量的八分滿之下。例如 12 斤米就需用 15 斤容量以上的蒸斗。準備大蒸斗可小用，即內裝少量浸泡米也行。

3 將洗好的米瀝乾後，放入蒸斗中，或先將飯巾置入蒸斗中，再將瀝乾的白米倒入飯巾中。在撈米放入蒸斗的過程中，千萬不可壓實米粒。注意生米一定要瀝乾（若未瀝乾洗米水，水開時大量澱粉會變成糊狀，造成蒸斗底部難以清洗或產生焦味），並慢慢放入蒸斗而且不要用力震盪，也就是保持米粒之間的空隙以利蒸氣加熱。

4 將裝有米的蒸斗放入鍋中，加水於鍋中（蒸斗的外圍），注意加水量不要超過蒸斗內的木底層（假底），到鍋底的六分滿位置。當鍋內水煮滾時，會因煮滾而升高水位，如果一開始鍋中的水加太高，水在煮滾時會冒出蒸斗底層，造成最底部的米粒因浸水而煮成稀飯，而且飯糊了會出現黏性，因此阻隔了底部的蒸氣上升，很容易會煮出半生熟的飯。另外也可以在蒸斗與鍋之間，圍上毛巾或布以減少蒸氣外漏。如果蒸斗底部與鍋太密合也會使水流入鍋底而無法補充鍋內的水，造成看起來鍋外有水而鍋內卻沒水的情形，會讓蒸斗底部燒焦，故很多人用湯匙或筷子插入蒸斗底部與鍋之間造成空隙，可讓水流入鍋底。最好直接在蒸斗底緣兩邊對角鋸個凹口，讓鍋中的水可以隨時自然流入流出。

5 開始加熱時，火可開大些，會比較快將鍋內的水煮開而產生蒸氣，數分鐘後才會看到蒸斗內邊緣的蒸氣上升。此時不要急著蓋上蓋，一定要等到蒸斗內的中間米粒顏色轉變及充滿上升的蒸氣時才可蓋上蓋，如此才不會產生半生熟的現象。

6 若蒸斗蒸氣上升不夠大或不夠快時，可以用長筷在中間米粒部位插幾個洞（要插到底部），蒸氣會沿插管孔徑快速上升，且中間米粒會變色成半生熟狀。此時才蓋上上蓋，並開始計時 20 分鐘，期間都不可掀蓋子，如此蒸氣才會很均勻的在蒸斗內將米燜熟。20 分鐘後將上蓋打開，從上部加入幾碗的冷水（飯會變較 Q）或加熱水（飯會變較軟濕），此步驟可調整飯粒的軟 Q 度，如果此飯是用於釀酒時，要多加一些水，若製作油飯則少加一些冷熱水。

7 加入冷水或熱水後，仍需蓋上蓋子，再煮 5～10 分鐘就可熄火。此時仍需蓋上蓋子燜 20 分鐘以上讓蒸斗內的飯粒熟透，並讓飯粒同時吸收水分而形成 Q 度。

8 切記如果使用蒸斗蒸飯，米粒表面中間的蒸氣上升，待米粒變半透明狀後才可蓋蓋子，此時才要正式計時煮 20 分鐘，然後再加水調整飯粒的軟硬度，再煮 5～10 分鐘，熄火，再燜上 20 分鐘以上，才可以將煮好的飯倒出放涼。最後補水主要的目的是調整飯的軟硬度，用冷水會讓飯變較 Q，加入熱水會讓飯較軟。

〈電鍋煮飯法（用電力或用瓦斯煮）〉

選擇好的米才可煮出好飯。以各廠牌電鍋內所附的量杯，量好要煮的生米量，原則 1 杯米為 1 人份的飯量。1 杯大同電鍋的量杯米，大約可煮成 2 碗飯。4 杯米原則為 1 斤米量。

1 第一次洗米的動作要快，洗過的米糠水要盡速倒掉。

2 洗米的動作要輕，不能用力搓洗或磨洗，洗米次數須 3 ～ 4 次。

3 白米洗過，要經過浸水，才能煮出香甜可口的米飯。

4 浸水時間，夏天若溫度高至攝氏 30 度，僅需浸泡 30 分鐘即可。冬天則需要 1 ～ 2 小時。

5 煮飯水與米的比例，若用電鍋煮飯水量為米容量的 1.2 倍較適宜。如果飯要硬 Q 些，則水與米之比例最好在 1：1，甚至為 1：0.8 即可。新米用水量要少些，老米用水量要多些。

6 在電鍋開關自動切斷後，燜 5 分鐘（最好打開鍋蓋用飯匙將煮好的飯拌鬆），再度按下電源開關，加熱到電源鍵自動跳起切斷，再燜至 5 ～ 10 分鐘即可開鍋，香噴噴的米飯就此出爐。

7 如果要煮圓糯米或長糯米時，方式如上述，但要注意加水量，圓糯米的加水量要 1：0.7，千萬不要太多，甚至可降到 1：0.65，即加水量為 0.65 倍。電源鍵跳起後，最好要開蓋攪拌一下，否則飯的表面會有一層半生熟的飯粒，吃起來不完美。

〈燜煮法（高粱煮飯法）〉

燜煮法省燃料，但需拉長燜的時間。凡是帶有硬殼的穀類皆可適用此法煮熟。例如：高粱、紅豆、綠豆、黃豆。

1 先將原料洗淨、浸泡1天（1個晚上）以上。若浸泡超過1天以上，要記得每4小時須換水，注意浸泡原料時間要足夠。

2 浸泡後的原料撈起濾水，若浸泡後原料濾水後有10杓，則須加水10杓一起煮。煮原料的加水量為浸泡後原料的1倍水。最好是先將一半的水量放入鍋中煮滾，再加入已浸泡的原料，比較均勻且不會焦鍋。

3 原料下鍋後，等鍋中的水快要煮開（水會均勻冒泡）時，就要攪動原料避免焦鍋，然後就蓋上鍋蓋再煮5分鐘後熄火，此時千萬不要打開鍋蓋，用燜的燜上20～30分鐘。若鍋蓋不夠氣密，可用濕毛巾圍在鍋蓋外圍上輔助氣密度。

4 熄火燜 30 分鐘後,打開鍋蓋,先徹底翻攪鍋中原料不要讓它沉澱焦鍋,才再開火煮。此時要特別注意水分是否太少,要不斷翻攪直到剩下的水再次煮開(水會均勻冒泡)為止,蓋上鍋蓋再煮 5 分鐘後,熄火燜上 20 分鐘,即可達到全熟的程度,而且每粒原料皆已爆裂熟透。

注意事項:

1. 蓋上蓋子再煮 3 ～ 5 分鐘的用意是讓鍋蓋內的空間充滿熱氣,以利於燜。

2. 如果加水量與原料量相同,則第二次加熱到再次蓋上蓋子的時間會很短,此時不要離開,要不斷的翻動快熟的原料,這個關鍵很重要。

甜酒釀

　　甜酒釀，是酒類也是食品類。1984 年到新竹的眷村向同事拜年時，她的母親煮了一碗雞蛋甜酒釀，當時只知她們家人習慣在過年期間，有客人到家中拜訪，一定會煮碗舂蛋招待。將雞蛋去殼，放入鍋中煮，煮的像半熟的水煮荷包蛋，再放入充滿酒香米粒的湯汁中，香氣濃郁，這是我第一次吃到甜酒釀，因為當時客家庄沒有這類食物。後來回台北還特別到台大公館市場去品嘗酒釀湯圓做個比較。

　　其實甜酒釀是老少咸宜的保健養生食品。通常釀造 1 星期之內即可讓家人或朋友享受，不須等太久的時間，比種菜還輕鬆，容易引起學習者的興趣。而製作甜酒釀的成本低廉，市售一罐 600 ～ 800cc 的甜酒釀，市場賣價 65 ～ 85 元不等。自釀的成本，圓糯米 1 斤約 30 元，即可做出滿滿 3 罐 600cc 的甜酒釀（瓶罐約 25 元及人工費），而且新鮮不容易產生怪味道，衛生又安全。

"如果要學會自己釀酒,我認為一定要先學會釀甜酒釀,藉由甜酒釀的操作及發酵機制原理與微生物觀察,就能奠定穀類或澱粉類原料釀酒的深厚基礎。

因為甜酒釀只要利用澱粉類的原料與微生物的作用即可釀造出來,而且它的生產釀造流程就是發酵成酒的標準過程。也就是說,甜酒釀是縮小版的製作流程,釀成酒就是放大的製作流程了。從澱粉類的原料選擇、原料處理、浸泡、蒸煮、糊化、液化、容器選擇、清潔消毒、溫度控制、菌種的選擇、佈菌、下缸方式、發酵控制、PH 值控制、加水降糖度、降溫、酒糟過濾、除渣作業、轉桶熟成、成品滅菌、品質風味調整、裝罐裝箱、品檢包裝……等,只要釀酒都會碰觸到的實際問題,在釀製穀類酒或澱粉類酒的過程中也都會碰觸。"

從釀甜酒釀開始,就可以很完整地看到發酵的微生物在整個過程的變化情形,也可瞭解黴菌微生物在穀物類釀造酒中所扮演的角色。有機會還可以看到根黴菌由白色轉變成灰色及黑色的成長過程。

從甜酒釀的發酵過程來觀察及體驗釀酒原理,是最直接、最實際、最有效的學習。通常可藉由眼觀與口嘗來應證釀酒原理與釀酒理論。例如,第一天糯米飯煮好,放涼接菌到放入發酵罐發酵,8 小時後就會看到飯粒的變化,佈菌後 24 小時,飯粒出汁,糖度即可到達 24 ～ 30 度以上。第二天你可以觀察飯粒出汁多寡的情形,再用口嘗來感受糖度或用糖度計來測糖度。從甜酒釀的發酵情形中可得知,選擇釀酒原料及菌種的重要性,可改變甜酒釀及酒的風味,也可以得知環境溫度或佈菌時飯粒的溫度會影響發酵過程與質量。

其實單從甜酒釀的製作方法就可發展出多種的酒品,如先採用固態發酵,再用液態發酵加水稀釋糖度幫助發酵,十幾天後則可變成小米酒或糯米酒類;若不加水,將發酵時間再拉長,一樣會變成黃酒、紹興酒、花雕酒系列…等。所以用不同的原料、不同的菌種、不同的發酵時間、加糖或不加糖、加酒精或不加酒精,就能釀成不同的釀造酒,但釀酒的方法、原理及發酵管理是不變的。

甜酒釀的營養成分更優於已榨過的酒粕,更具有直接的養生成效。目前政府將它歸屬於食品類而非酒類。所以釀製甜酒釀不犯法,也沒有酒稅的問題。即使要以甜酒釀來營業,也因為屬於食品類,只課5%的營業稅,而不是課酒精度每度7元的酒稅,便利又容易多了。

總之,建議讀者應先學甜酒釀,再進一步學好釀造酒系列、蒸餾酒系列及再製酒系列,學會甜酒釀等於學會多種釀酒法,而且喝得安心又健康。

甜酒釀生產發酵釀造過程介紹

◆ **第一天**：原料清洗→浸泡→蒸熟→放涼（放涼溫度 30℃）→佈菌（強化酒麴添加量 5/1000，若用傳統白殼酒麴添加量 1/100）→入缸發酵。

◆ **第二天**：由酒麴中的根黴菌進行糖化→將飯中的澱粉分解出糖汁（糖度約 24 ～ 35 度）→產生麴香米味。

◆ **第三天**：繼續糖化出汁→（糖度約變成 35 度）→發酵過程最好控制在溫度 30℃→飯粒開始變濕下沉。

◆ **第四天**：繼續糖化出汁→（糖度約變成 35 度）→飯粒變濕出汁，並逐步向下沉垮、集中成糰。

◆ **第五天**：繼續糖化出汁並產生少量酒精→（糖度約變成 30 度）→飯粒繼續變濕出汁，並向下集中成糰。

◆ **第六天**：酒糟中的飯開始由底部往上浮並往中間集中→酵母菌同時進行酒精發酵過程。

◆ **第七天**：酒糟中的底部及旁邊的酒汁液逐漸增多→酒糟中的汁液已接近 8 分液面，此時已可食用。

◆ **第八天**：酒糟的酒汁逐漸增多→快淹過所有酒糟飯，食用時須將酒糟攪拌均勻再吃。

🍶 標準原味甜酒釀做法

成品份量　共 1200g

製作所需時間　夏天 3 ～ 5 天
　　　　　　　冬天 5 ～ 8 天

材料　· 圓糯米 1 台斤（600g）
　　　· 甜酒麴 6 ～ 10 g（依酒麴
　　　　品種不同添加量會有變
　　　　動，若用「今朝」強化酒
　　　　麴 3g/ 台斤即夠足量）

工具　發酵罐（1800 cc）1 個
　　　封口布 1 片
　　　橡皮筋 1 ～ 2 條

步驟

1 圓糯米用水洗淨，
如果用蒸的要浸泡
2 ～ 3 小時以上。
如果用煮的，圓糯
米與水的比例為 1：
0.7。用電鍋煮不需
浸泡即可煮，通常
飯粒會較粘，最好
浸泡 20 分鐘後再壓
下電鍋開關，外鍋
加 1 杯水。

2 將浸泡好的圓糯米
用蒸籠、蒸斗或電
鍋蒸熟。煮好後最
好燜 15 ～ 20 分鐘，
再攤開放涼或用電
扇吹涼。也有人用
冷開水快速攤涼。

3 飯溫度降至 40℃ 時，
在佈菌前要加冷開水
（1 台斤米約加 150cc
水）。用來調整飯粒
的水分濕度，這個做
法與古代的淋飯有一
曲同工之處，能達到
降溫、調整水分的效
果。

4 打散飯粒，讓飯粒有
點濕度，但罐底看不
到水分。主要是調整
發酵的濕度且較容易
將米粒打散，飯粒接
菌面積會更多。

5 若用塊狀酒麴，須
先將塊狀酒麴碾碎
磨粉，以方便每粒
飯均勻接觸到菌粉。
將蒸好的圓糯米攤
涼打散成飯粒後，
等到飯降溫至 30 ～
35℃ 時，用撒菌罐、
手或其他工具平均
佈菌，拌至飯粒與
麴均勻混合，可用
雙手掌輕輕將菌種
與飯搓揉打散及混
合均勻至粒粒分明。

6 裝罐時記得要先將
罐口消毒，然後一
手斜托玻璃罐底部，
一手將拌好麴的飯
粒裝入罐中。

7 糯米「飯」分裝倒入
櫻桃罐中。可用白鐵
長湯匙打散、打平、
攤涼，稍放涼再進
罐。或熱熱時進罐亦
可，可以順便滅罐中
的細菌。

8 酒醪的中間挖一個
V 型凹口。讓佈菌
完後的酒醪較容易
通氣，以利糖化菌
生長，產生液化、
糖化酵素，也便於
觀察酒醪出汁。

9 裝罐時，要注意罐口
及周圍附近須收拾乾
淨。不可殘留單粒飯
粒，減少單粒米粒被
污染的機會。

10 使用酒精消毒封口
棉布。

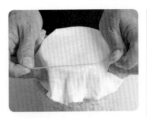

11 再用棉布封蓋罐口，
外用橡皮筋輕套。
若酒醪溫度不夠時
可利用乾淨布或毛
巾包好發酵罐保溫。
酒初期培養一定要
有足夠氧氣，因為
好氧，所以蓋布，
不密封罐口。若要
密封，可改用塑膠
袋替代封口布。擺
在溫度較高的地方，
注意保溫在 30℃ 左
右。發酵溫度太高
或太低都不適合根
黴菌生長。全程採
靜置發酵，夏天 3
～ 5 天，冬天 5 ～ 7
天，即製成甜酒釀。

〈 注意事項 〉

佈麴技巧

◆ 佈麴入缸 12 小時後，即可觀察到飯粒表面會出水，這是飯粒澱粉物質被根黴菌糖化及液化所產生的現象，所以此時出汁的含糖甜度很高（糖度約 24 ～ 35 度），可做為半健康人的最佳糖分補給品。

◆ 糯米飯太涼才佈菌，則因為起始溫度低，整體的發酵會較慢幾天；若糯米飯太燙，酒麴會被燙死，有可能發酵不起來。

◆ 如果飯粒煮得太乾時，可加冷開水（一台斤米用約 150 cc）一起拌麴，此僅是調整其濕度的水量。甜酒釀基本上是不額外加水去發酵，若為增加賣相讓產品感覺很多，可另加入冷開水，添加量以生米量的 0.5 倍為最高量（若將發酵時間拉長再榨汁，則轉成為喝的糯米酒，1 ～ 3 年後其榨出的汁會變成紹興酒）。

◆ 甜酒釀發酵時，溫度太高或太低都不適合根黴菌生長糖化。保溫在 30 ～ 35℃ 很重要。

滅菌技巧

◆ 裝飯容器或發酵容器一定要洗乾淨，不能有油或鹽的殘存，否則會失敗。

◆ 發酵中表面如果長出白色菌絲，此為酒麴中的根黴菌，不必擔心。直接攪拌到飯中即可，若不管它，它會從表面先長白色菌絲，再變成灰色菌絲，約 3 ～ 4 天後表面會長成黑色的菌絲，在放大鏡下看可看到如氣球繫繩狀的黑色根黴菌。這種情形沒有壞掉，但很多人不敢吃而倒掉。可即時加入 0.5 倍（300 cc）冷開水，攪拌後放置 1 星期，再榨汁出來即為好喝的純糯米酒。（但出現綠色、紅色、黃色或橘色菌絲時，有可能是青黴素、黃麴毒素，建議丟掉不吃。）

◆ 甜酒釀因為有酒，多少有點甲醇，但我們常忽略它的存在，如果發酵完成過程後滅菌，甲醇會揮發。

◆ 製作過程要時時滅菌。用手搓揉原料前以及使用的器具、容器需用 75 度酒精噴霧消毒。

風味判斷

◆ 若條件得宜，靜置糖化發酵 36 小時後，有可能釀製成甜酒釀。若 72 小時後 (封口後 3 天)，額外加水，會繼續發酵變成「酒醪」，若被空氣中的醋酸菌感染則會變成「米醋醪」。如要加冷開水一起發酵，以加入 0.5 倍水為原則。發酵 5 ～ 7 天壓榨出來的酒汁，就是一般外面賣的糯米酒或假小米酒。酒精度約在 9 ～ 11 度。

◆ 當看到發酵罐中的出汁已淹至飯面或達到九成高，即可判定此罐甜酒釀已可食用。

◆ 約 3 ～ 5 天，發酵的酒醪中，其糖分、酒汁會不斷分解產生，即可開封食用 (此時之酒精度約在 3 ～ 7 度間)。甜酒釀以一週內吃完為最佳選擇。如果吃不完，一定要放入冰箱冷藏，減緩發酵速度。

◆ 發酵太久出汁會較多，但飯粒會逐漸變微黃，且酒精度會提高，糖度會降低，同時會產生尾酸或出現微苦味。再釀久些則可變成米酒、紹興酒或米醋，米飯粒則會變成空殼狀。

◆ 好的甜酒釀應該是外觀飯粒飽滿、潔白，聞之有淡淡的酒香，嘗之有甜味。

◆ 甜酒釀如果用的原料及酒麴質量好，或發酵過程溫度控制恰當，則不會有霉味，而且會夠香夠甜又有適當的酒味。

紫糯米甜酒釀做法

成品份量　共 1200g

製作所需時間　夏天 3～5 天
　　　　　　　冬天 5～7 天

材料　·紫糯米 半台斤（300g）

　　　·圓糯米 半台斤（300g）

　　　·甜酒麴 6～10 g（依酒
　　　　麴品種不同添加量會有
　　　　變動，若用「今朝」酒
　　　　麴 3g/ 台斤即夠量）

工具　發酵罐 3 個（600～800 cc）
　　　封口布 3 片
　　　橡皮筋 3～6 條

步驟

1 將紫糯米與圓糯米混勻，用水洗乾淨，如果用蒸的，要浸泡 2～3 小時
左右。如果用電鍋煮，圓糯米與水的比例為 1：0.7。用電鍋煮時不需浸
泡即可煮，通常飯粒會較粘，最好浸泡 20 分鐘後再壓電鍋開關，外鍋
加 1 杯水即可。

2 將浸泡好的紫糯米用蒸籠、蒸斗或電鍋蒸熟。煮好後最好燜 15～20 分鐘，再攤開放涼或用電扇吹涼。也有人用冷開水快速攤涼。

4 打散飯粒，讓飯粒有點濕度，但罐底看不到水分。主要是調整發酵的濕度且較容易將米粒打散，飯粒接菌面積會更多。

可用雙手掌輕輕的將菌種與飯搓揉打散及混合均勻至粒粒分明。

6 裝罐時記得要先將罐口消毒，然後一手斜托玻璃罐底部，一手將拌好麴的飯粒裝入罐中。

3 飯溫度降至40℃時，在佈菌前要加冷開水（1 台斤米加 150cc 水）。用來調整飯粒的水分，這個做法與古代的淋飯有異曲同工之處，達到降溫，調整水分的效果。

5 若是用塊狀酒麴，則須先將塊狀酒麴碾碎磨粉。以方便每粒的米飯均勻接觸到菌粉為原則。將蒸好的紫糯米飯攤涼打散成飯粒後，等到飯冷至溫度30～35℃時，用撒菌罐、手或其他工具平均佈菌，拌至飯粒與麴均勻混合，

7 紫糯米飯分裝倒入玻璃罐中。可用白鐵長湯匙打散、打平、攤涼，稍放涼再進罐。或熱熱時進罐亦可，可以順便滅罐中細菌。

8 酒醪的中間挖一個 V 型凹口。讓佈菌完後酒醪較容易通氣，以利糖化菌生長，產生液化、糖化酵素。也便於觀察酒醪出汁。

9 裝罐時，要注意罐口及周圍附近須收拾乾淨。不可殘留單粒飯粒，減少單粒米粒被污染的機會。

10 用酒精消毒棉布。

11 用棉布封蓋罐口，外用橡皮筋輕套。若酒醪溫度不夠時可利用布或毛巾包好發酵罐保溫，培養酒一定要有氧氣，所以蓋布不密封罐口。若要密封，可改用塑膠袋替代封口布。擺在溫度較高的地方，注意保溫在 30℃ 左右。發酵溫度太高或太低都不適合根黴菌生長。靜置發酵，夏天 3～5 天，冬天 5～7 天，即製成紫米甜酒釀。

〈 注意事項 〉

佈麴技巧

◆ 佈麴入缸 12 小時後，即可觀察到飯粒表面會出水，這是飯粒澱粉物質被根黴菌糖化及液化所產生的現象，所以此時出汁的含糖甜度很高（糖度約 24 ～ 35 度），可做為半健康人的最佳糖分補給品。

◆ 如果飯粒煮得太乾時，可加冷開水（一台斤米用約 150 cc）一起拌麴，此僅是調整其濕度的水量。甜酒釀基本上是不額外加水去發酵，若為增加賣相讓產品感覺很多，可另加入冷開水，添加量以生米量的 0.5 倍為最高量（若將發酵時間拉長再榨汁，則轉成為喝的紫米糯米酒，1 ～ 3 年後其榨出的汁會變成陳年紫糯米酒）。

◆ 紫糯米飯太涼才佈菌，會因為起始溫度低，發酵會較慢幾天；若紫糯米飯太燙就佈菌，酒麴會被燙死，有可能發酵不起來。

◆ 紫糯米甜酒釀發酵時，溫度太高或太低都不適合根黴菌生長糖化。保溫在 30 ～ 35℃ 很重要。

滅菌技巧

◆ 裝飯容器或發酵容器一定要洗乾淨，不能有油或鹽的殘存，否則會失敗。

◆ 發酵中表面如果長出白色菌絲，此為酒麴中的根黴菌，不必擔心。直接攪拌到飯中即可，若不管它，它會從表面先長白色菌絲，再變成灰色菌絲，約 3 ～ 4 天後表面會長成黑色的菌絲，在放大鏡下看可看到如氣球繫繩狀的黑色根黴菌。這種情形沒有壞掉，但很多人不敢吃而倒掉。你可即時加入 0.5 倍（300 cc）冷開水，攪拌後放置 1 星期，再榨汁出來即為好喝的純紫糯米酒。（但出現綠色、紅色、黃色或橘色菌絲時，有可能是青黴素、黃麴毒素，建議丟掉不吃。）

◆ 紫糯米甜酒釀因為有酒，多少有點甲醇，但我們常忽略它的存在，如果發酵完成過程後滅菌，甲醇會因滅菌動作而揮發掉。

◆ 製作過程要時時滅菌。用手搓揉原料前以及使用的器具、容器需用 75 度酒精噴霧消毒。

風味判斷

◆ 若全部用紫糯米原料，風味及甜度表現反而不佳，若只用一半紫糯米原料，另一半改加圓糯米，反而甜度香氣及顏色皆足。

◆ 當看到發酵罐中的出汁已淹至飯面或達到九成高度，即可判定此罐甜酒釀已可食用。

◆ 若條件得宜，靜置糖化發酵 36 小時後，有可能釀製成紫米甜酒釀。若 72 小時後 (封口後 3 天)，額外加水，會繼續發酵變成「酒醪」，若被空氣中的醋酸菌感染則會變成「米醋醪」。如要加冷開水一起發酵，以加入 0.5 倍水為原則。發酵 5 ～ 7 天壓榨出來的酒汁，就是一般外面賣的紫糯米酒。酒精度約在 9 ～ 11 度。

◆ 約 3 ～ 5 天，發酵的酒醪中，其糖分、酒汁會不斷分解產生，即可開封食用 (此時之酒精度約在 3 ～ 7 度間)。紫米甜酒釀以一週內吃完為最佳選擇。如果吃不完，一定要放入冰箱冷藏，減緩發酵速度。

◆ 發酵太久出汁會較多，但飯粒會逐漸變微黃，且酒精度會提高，糖度會降低，同時會產生尾酸或出現微苦味。再釀久些則可變成糯米酒、紹興酒或糯米醋，米飯粒則會變成空殼狀。

◆ 好的紫糯米甜酒釀應該是外觀飯粒飽滿、紫色均勻，聞之有淡淡的酒香，嘗之有甜味。

◆ 紫糯米甜酒釀如果用的原料及酒麴質量好或發酵過程溫度控制恰當，則不會有霉味，而且夠香夠甜又有適當的酒味。

食用甜酒釀的好處

吃甜酒釀具有食療效果，雖然不是仙丹妙藥，但絕對是個好食物，可以多加利用。可以調整內分泌系統，改善賀爾蒙的釋放與調節。調整消化系統，改善胃腸吸收。增強熱量，改善體質。

甜酒釀的運用方法

記得將主原料（如湯圓）煮滾後再加入甜酒釀，拌勻隨即關火是最佳的做法。如果不要有酒精味道，可將甜酒釀放入鍋中再煮 5 分鐘，讓酒精揮發即變成有酒香味而沒有酒精的甜酒釀。以下是各種食用方法。

- 只喝汁或直接與酒醪一起吃。
- 可用冷開水或冰水稀釋吃。
- 加熱溫酒吃。
- 加入水果如鳳梨切丁涼拌吃。
- 煮小湯圓再拌入甜酒釀做成酒釀湯圓吃。
- 煮荷包蛋湯或蛋花湯時，拌入甜酒釀，做成春蛋湯或酒釀蛋花湯。
- 蒸魚用，替代樹子。
- 用春捲方式做成酒釀生菜沙拉捲。
- 做成酒粕面膜。
- 釀成黃酒系列的酒。

⚉ 如何分辨甜酒釀好壞

　　好的甜酒釀，應該是飯粒飽滿不爛，色澤偏白到微黃，有淡淡的酒香、微酸及適當的甜度，所產生的酒精度約在 5 度左右，味道純。主要吃它的風味及營養，而不是吃它的酒精度。

　　酒精度、甜度要協調。發酵過頭時，甜度降低，酒精度高；釀製太久時，出汁會較多，但是飯會開始變微黃，而且酒精度會提高，同時會產生尾酸或微苦味。再釀製久些則變成米酒，或不小心變成糯米醋。

⚉ 甜酒釀釀造原物料

◆ **原料**：圓糯米、甜酒麴、水。

◆ **甜酒麴用量**：原料米的千分之五或百分之一。

◆ **水用量**：0.7 ～ 1 倍，發酵過程不再加水，飯太乾時可加冷開水 0.5 倍調
　　　　　整溼度。

◆ **最佳發酵溫度**：30℃（25 ～ 35℃）。

◆ **發酵完成期**：夏天 3 ～ 7 天、冬天 7 ～ 10 天。

◆ **最佳酒精度**：3 ～ 5 度。

◆ **風味**：無餿水味，風味純正，無雜味，有米麴香甜味。

小米酒

小米酒是台灣原住民很傳統又很重要的釀造酒。早期在原住民部落，若身分階級不夠或非特殊節日，是不能接觸或學習釀酒的。在南投菸酒公司埔里酒廠的展覽相片中就有早期原住民用唾液釀酒的相片，此做法對現代年輕的父母來說不可思議，但對四、五年級以上年紀的人來說，應該會覺得很平常。

記得很小的時候，祖母常將飯菜放於口中咬嚼之後再餵我，其實這是幫助小孩咬爛食物的過渡時期。早期傳說中的小米酒，有些就是用此做法，以目前科學解釋，是利用唾液中分泌的酵素，把咬嚼後的小米飯混合，經酵素作用轉變成糖液，再轉變成酒。至於清潔或衛生的問題，那是另外一種考量，或許當時原住民覺得能吃到長老頭目的口水是無上的光榮。

　　自 2001 年開始在各地部落教原住民釀小米酒，雖然知道國際要求釀酒需澄清過濾，酒液最後應該要保有澄清狀才是有品質的酒。但在台灣，由於拘限於傳統意識與做法，反而要保有沉澱物才是台灣道地的小米酒。記得早期公賣局花蓮酒廠曾出品的小米酒，與清酒一樣清澈透明，市場反應不佳而滯銷，很多原住民還以為是假的小米酒。

　　那時候釀小米酒的人很少有滅菌保存的觀念而常常造成平地人誤會。以為原住民當場給他們喝的是好喝的酒，買回家的卻是另一種偷工減料的酸酒。其實觀光客買到沒有滅過菌的小米酒，在回家路途中，小米酒仍繼續發酵，將小米酒內原有的糖分發酵轉化成酒，糖度就會一直減少，酒精度卻越來越高，酸度就越來越明顯，使得酒的香氣也越來越不協調。後來我也將小米酒滅菌、蒸餾及串蒸的技術帶到部落推廣，其實不是鼓勵他們做私酒，而是想把釀造安全好酒的觀念與做法帶入部落。

🍶 小米酒的基本做法

成品份量　900cc

製作所需時間　夏天 5～7 天
　　　　　　　冬天 7～10 天

材料　·糯小米 1 台斤（600g）（小
　　　　米的品質會影響小米酒的
　　　　甜度、香氣與色澤）

　　　·甜酒麴 6g（或使用熟料酒
　　　　麴 3～5g）

工具　櫻桃罐 1 個（1800cc）
　　　封口布 1 條
　　　橡皮筋 1 條

步驟

1　將糯小米洗乾淨，如果用蒸的，要浸泡 2～3
　小時以上。如果用煮的，糯小米與水的比例
　為 1：0.8～1，外鍋水為 1 杯（約 200cc），
　不需浸泡即可煮，通常小米飯粒會較粘。

2 將浸泡好的糯小米用蒸斗或電鍋蒸熟。稍燜 15 ～ 20 分鐘後，攤開放涼（可用電扇吹涼或用冷開水沖攤涼）讓小米飯能粒粒分明且含有足夠水分。

3 將甜酒麴碾碎磨粉或直接用熟料酒麴，以方便飯均勻接觸到菌粉為原則。

4 先將蒸好的糯小米攤涼，等到溫度 30 ～ 35℃時，將酒麴菌種平均佈菌，或用手，或用工具拌至飯與麴均勻混合，再放置於容器內。酒糟的中間可挖一個 V 型的凹口，讓佈菌完後的酒醪，較容易通氣，並方便觀察酒醪出汁。

5 用已消毒的封口布蓋住瓶口，外用橡皮筋輕套（溫度太低可利用乾淨的布或毛巾包住玻璃罐保溫），注意保存溫度約為 30℃。

放入冰箱冷藏以延緩發酵（此時之酒精度約在 5 ～ 7 度間）。

7 發酵太久出汁會較多，但酒液會逐漸變清，且酒精度會提高，味微苦，同時會產生尾酸，再釀久些則變成酒精度高而無糖味，可蒸餾成小米白酒。

6 第 2 ～ 3 天可加入原料重量 0.5 倍的冷開水，等第 5 ～ 7 天分解的糖、酒與水不斷生出，即可榨汁食用或榨完後

〈 注意事項 〉

佈麴技巧

◆ 佈麴入缸 12 小時後，即可觀察到飯粒表面會出水，此為飯粒澱粉物質被根黴菌糖化及液化的現象，故此時出汁之含糖甜度很高（糖度約 24 ～ 35 度）。

◆ 如果小米飯粒煮得太乾時，可加冷開水調整溼度再一起拌麴發酵，加入冷開水的添加量以生小米量的 0.5 倍為原則，最多當次加水總量不可超過 1 倍水。

◆ 小米酒發酵時，溫度太高或太低都不適合根黴菌之生長，發酵保溫很重要。

滅菌技巧

◆ 裝飯容器或發酵容器一定要洗乾淨，不能有油或鹽的殘存，否則會失敗。

◆ 發酵中如果表面長出白色菌絲，此為酒麴中的根黴菌，不必擔心。直接攪拌到酒醪中即可，若不管它 4 天後表面會長成黑色的黴菌，很多人會不敢吃。

◆ 發酵完成後（約 5 ～ 7 天），須榨汁出酒，風味較佳，一般冷熱食皆可。若需長期保存，榨汁裝瓶後用 70℃ 隔水滅菌 1 小時，可防止再發酵。

風味判斷

◆ 當發酵罐中的出水已淹至飯面或達到九成時，即可判定已可食用。

◆ 全部用純糯小米來釀小米酒不見得好喝，我的配方比例是糯小米：圓糯米＝7：3。洗米時混合洗淨，一起浸泡再蒸熟。分開來蒸較費工，而且拌不均勻。現在政府法令有規定小米酒內容物的小米含量一定要超過50％以上才可以稱為小米酒。

◆ 小米酒酒色應該帶有微黃色，若只是乳白色應該只算是糯米酒，是不含小米、只有糯米做成的酒，或是小米含量極少才是如此顏色。

◆ 好的小米酒應該是酒汁微黃乳白，聞之有淡淡的小米及酒香，嘗之有酸甜味。

◆ 如果小米原料及酒麴質量好，或發酵過程溫度控制恰當，則沒有霉味產生。

糯米酒

　　糯米酒是最傳統的一種釀酒方式，也有幾千年歷史。小時候第一次接觸到的酒是堂姊做的糯米酒，嚴格來說是楊桃酒。因為當時在傳統的客家三合院旁有種幾棵酸楊桃，由於太酸，常任由成熟的楊桃掉於地下給雞啄食，堂姊會收集一些成熟的酸楊桃，洗淨後與煮好的糯米飯混合，放在乾淨的畚箕上，上面蓋上白色棉布，畚箕下面放一個大鍋，放在傳統大爐灶邊，一星期後就看到不少乳白色的汁滴入鍋內，喝起來酸酸甜甜的，很好喝，但很快地滿臉通紅，那時只知道是糯米釀的酒，不曉得為何會變成如此，直到長大後才完全明白箇中原因。

　　早期糯米酒可說是一切酒的基礎。阿嬤時代，當時釀酒沒有所謂的單一純菌種發酵的概念，不管是釀穀類酒，或是釀水果酒，或是釀再製酒，絕大部分都是用釀造糯米酒做酒引子，例如做薑酒，就先煮糯米飯做成糯米酒，幾天後再準備生糯米1倍量的洗淨老薑，切片後丟入糯米酒發酵缸中一起發酵，發酵時間至少要長達1個月以上，再榨汁飲用，當時的酒因酒精度不高，相當溫和有營養。

　　釀水果酒也是一樣，可能當時釀酒人認為糯米酒有加入白殼發酵，自然會幫助其他原料發酵，幸好糯米酒的風味很淡，比較不會搶味道，所以當時比較沒有考慮到會影響風味的問題。

🍶 糯米酒的基本做法

成品份量 14 ～ 16 度酒 900cc

製作所需時間 夏 天 7 ～ 10 天
冬天 10 ～ 15 天

材料 · 圓糯米 1 台斤（600g）

· 甜酒麴 6g（或使用熟
料酒麴 3 ～ 5g）

工具 櫻桃罐 1 個（1800cc）、封口布 1 條、橡皮筋 1 條

步驟

1 將糯米洗乾淨，如
果用蒸的，要浸泡
2 ～ 3 小時以上。如
果用電鍋煮的，糯
米與水的比例為 1：
0.7 ～ 1，不需浸泡
即可煮，通常糯米
飯粒會較粘。將浸
泡好的糯米用蒸斗
或電鍋蒸熟。

2 燜 15 ～ 20 分鐘後，
攤開放涼（可用電
扇吹涼或用冷開水
沖攤涼），讓糯米
飯能粒粒分明且含
有足夠水分。

3 將甜酒麴碾碎磨粉或直接用熟料酒麴,以方便飯均勻接觸到菌粉為原則。將蒸好的糯米飯攤涼,等到冷至溫度 30 ～ 35℃ 時,將酒麴菌種平均佈菌,或用手,或用工具拌至飯與麴均勻混合。

5 酒糟的中間可挖一個 V 型凹口,讓佈菌完後的酒醪較容易通氣與方便觀察出汁。

6 瓶口用消毒的紙巾擦拭乾淨。

7 再用已消毒的封口布蓋住瓶口,外用橡皮筋輕套(溫度太低時可利用乾淨的布或毛巾將玻璃罐包起來保溫),擺在溫度較高的地方,注意保溫在 30℃ 左右。

4 再倒入已消毒的容器內。

8 第 2 ～ 3 天可加入原料量 0.5 倍的冷開水，等第 5 ～ 7 天分解的糖、酒、水不斷生出，即可榨汁食用，或榨完放入冰箱冷藏延緩發酵（此時之酒精度約在 5 ～ 7 度間）。

9 發酵太久出汁會較多，但酒液會逐漸變清，且酒精度會提高而味微苦，同時會產生尾酸，再釀久些則變成酒精度高而無糖味，可蒸餾成糯米蒸餾酒。

〈 注意事項 〉

佈麴技巧

◆ 佈麴入缸 12 小時後，即可觀察到飯粒表面會出水，此是飯粒澱粉物質被根黴菌糖化及液化的現象，故此時出汁之含糖甜度很高（糖度約 24 ～ 35 度）。

◆ 如果糯米飯粒煮得太乾時，可加冷開水再一起拌麴發酵，加入冷開水的添加量以生糯米量的 0.5 倍為原則，最多當次加水總量不可超過一倍水。

◆ 糯米酒發酵時，溫度太高或太低都不適合根黴菌之生長，保溫很重要。

滅菌技巧

◆ 裝飯容器或發酵容器一定要洗乾淨，不能有油或鹽的殘存，否則會失敗。

◆ 發酵中表面如果長出白色菌絲或灰色菌絲，此為酒麴中的根黴菌，不必

擔心。直接攪拌到酒醪中即可，若不管它 4 天後表面會長成黑色的黴菌，
很多人會不敢吃。

◆ 發酵完成後（約 5～7 天），即可榨汁出酒，風味較佳，一般冷熱食皆可。
若需長期保存，榨汁裝瓶後用 70℃ 隔水滅菌 1 小時，可防止再發酵。

風味判斷

◆ 如果糯米原料及酒麴質量好或發酵過程溫度控制恰當，則沒有霉味產生。

◆ 當看到發酵罐中的出水已淹至飯面或達到九成，即判定已可食用。

◆ 一般人釀造糯米酒都會將釀造時間拉長，若發酵拉長至 1 個月，酒精度
可達 14～16 度，到 15～90 天才榨汁，酒液會越清澈，1 年後呈琥珀色，
最後變成紹興酒系列。它與小米酒不同的是一定要把沉澱物拿掉，過濾
出清澈的酒，味道是呈現微酸而回甘的酒。

◆ 好的糯米酒應該是酒汁乳白，聞之有淡淡的糯米及酒香，嘗之有酸甜味。

米酒

　　米酒算是台灣最普遍的酒,主要是用在料理調味居多。大陸最有名的米酒是廣西省桂林的三花酒,酒味較濃郁,可能與氣候及米原料有關係,以及與釀酒的工藝有關。

　　台灣米酒用的米原料是蓬萊米(粳米),並不是糯米。所以米酒與糯米酒是有差異的。近年來民間為了降低成本,大都會選擇蓬萊米碾米時所篩出來的大碎米、中碎米及小碎米來釀酒,有時成本差異將近一半。早期則常用保存 3 ～ 5 年以上替換出來的戰備米來做酒,其缺點是部分可能發霉或保存太潮濕的問題,常被人認為殘留過多的黃麴毒素而擔心害怕。

🍶 熟料米酒家庭 DIY 的製法（用專用酒麴「今朝酒麴」當酒引）

成品份量　40 度酒 600g

製作所需時間　約 10 ～ 15 天

材料　·蓬萊米 1 台斤（600g）

　　　·今朝酒麴 3g（材料依
　　　　個人需要調整，依比
　　　　例放大生產量）

　　　·水 1.5 台斤（900cc）

工具　櫻桃罐 1 個（1800cc）
　　　封口布 1 條
　　　橡皮筋 1 條

步驟

1 將新鮮蓬萊米用水洗
乾淨，放入電鍋，加
水量約為蓬萊米量的
1 ～ 1.2 倍，蒸煮。

2 將浸泡好的蓬萊米
蒸煮熟透。米飯要
熟，要飽滿鬆 Q 又
不結塊為適中。

3 先將酒麴撒鬆,混勻放入佈菌罐（以方便米飯每粒均勻接觸到菌粉為原則）。將煮好的蓬萊米飯直接放置於乾淨的桌上攤平放涼。可先加冷開水調整濕度,將飯粒打散成粒粒分明。

4 等到米飯降冷至溫度 30℃,利用已裝好酒麴的佈菌罐撒菌,平均佈菌於米飯上。我習慣直接用手去撒菌拌勻。

5 瓶缸可用酒精滅菌。

6 將佈好酒麴的飯放入發酵罐中混勻鋪平（不要壓實）。

7 最後將飯中間扒出一凹洞成 V 字型,方便每日觀察米飯出汁狀況及加水。

8 再用鍋蓋或另用透氣棉布（棉布越密越好）蓋罐口。

9 瓶缸口擦拭乾淨。

10 外用橡皮筋套緊，以防外物昆蟲、蟑螂爬過或侵入，注意要保溫在 25～30℃左右。

11 約 72 小時後，即需加第一次水，加水量為生米重量的 1.5 倍，即 900 cc 的水。第一次只加水 300 cc，先不要去攪動酒糟以免破壞菌象。隔 8 小時後再加第二次水 300 cc。隔 8 小時再加第三次水 300 cc，此時可攪動酒醪混勻。

12 發酵期夏天約為 7～9 天，冬天約需 9～15 天。冬天發酵時間需長些，夏天發酵時間太長或溫度太高容易變酸（完成時酒精度約 14 度）。

〈 注意事項 〉

佈麴技巧

◆ 酒麴與飯混勻放入發酵罐，24 小時後即可觀察到飯表面及周圍會出水，此是澱粉物質被根黴菌糖化及液化現象，至發酵 72 小時已完成大部分的糖化。故此時出水之含糖度很高（糖度約達 30 ～ 35 度）。

◆ 雖然原則是第三天加水，夏天常因天氣溫度的關係，有時候第二天就要加水，一方面可降低發酵溫度，主要是稀釋發酵中過甜的糖度。

◆ 加水一起發酵，用乾淨之水為原則。加水的目的除稀釋酒糟糖度以利酒用微生物作用外，另有降溫及避免蒸餾時燒焦的作用。加水量以原料米量的 1.5 倍為原則，加少在蒸餾時可能容易燒焦；加多則在蒸餾時容易浪費燃料能源。

◆ 酒麴如果選擇得恰當及適量，則沒有霉味產生，而且發酵快、出酒率高。

◆ 發酵溫度太高或太低都不適合酒麴生長。太高容易產酸，發酵期溫度管理很重要。

風味判斷

◆ 好的酒醪應該有淡淡的酒香及甜度（酒醪可蒸餾時的糖度約剩下 3 ～ 5 度）。

◆ 裝飯容器及發酵容器一定要洗乾淨，不能有油的殘存，否則會失敗。

蒸餾技巧

◆ 發酵完成後，即可利用蒸餾設備蒸餾，將 DIY 天鍋套入發酵用的不鏽鋼鍋蒸餾。同時要接上冷卻用的進水管與排水管以促使出酒溫度盡可能降低至 30℃ 以下。3.5 公斤米與水發酵成的酒糟大約需 1 小時多的蒸餾時間，正確的蒸餾時間是依各設備及瓦斯爐而定。蒸餾用火的原則是用大火煮滾酒膠，中、小火蒸餾。（酒的沸點是 78.4℃）通常我們利用目測方法來判斷是否可蒸餾，當發酵罐的酒醪已達足夠發酵天數，且液體與固體分離，液體已澄清，不管上面是否仍有酒糟浮上皆可蒸餾。

🍂 加糖的米酒做法

材料　除正常釀米酒的材料為蓬萊米及酒麴外，須額外再加糖度 20 ～ 25
　　　度的糖水，1 至數 10 倍生米量的糖水量。

步驟　1　依正常釀米酒的程序做，等到第三天第一次加水時，可逐次量已
　　　　　調好的糖水。主要是可以降低酒的生產成本，酒的風味也較接近
　　　　　公賣局的米酒，也有人說較接近食用酒精的風味，會比較辣嗆。

　　　2　其他工序都相同。

注意事項　◆　正常的釀酒，原則 1 台斤蓬萊米，可釀出 1 台斤 40 度的米酒。
　　　　　　　早期有些人卻對外宣稱他們的技術可用 1 台斤米釀出 2 台斤
　　　　　　　40 度的酒，當時百思不解。如果說是 1 台斤米可以釀出 2 台
　　　　　　　斤 20 度的酒可以說得通。只要利用蒸餾水或純水稀釋變成
　　　　　　　濃度較低的酒。

　　　　　◆　加糖做米酒其實是降低成本的一種做法，如同用碎米做米酒
　　　　　　　一樣，畢竟米與糖是不同風味的原料。很多人只想到米的成
　　　　　　　本，忘了將糖的成本算入，只強調出酒率增加，甚至本末倒
　　　　　　　置以糖為主原料。米只是香氣來源，你認為它是真的米酒？
　　　　　　　應該是用糖釀出具有米香味的酒。另外有些人利用米酒蒸餾
　　　　　　　後的酒糟，加糖再釀，再發酵一次所蒸餾出來的酒也有相同
　　　　　　　風味。

🍶 生料米酒

　　在 1985 年左右，兩岸同時因應能源危機，各自發展了生料釀酒和釀醋
的技術，最後台灣用生料釀出米酒的風味較腥辣，沒被專家納入公賣局的
米酒生產主流，而大陸卻逐步擴大生產規模，以致現在大陸的生料生產技
術優於我們。早期台灣剛開放民間釀酒時，曾因低成本在市場風行一時，
但最終仍有口感較腥辣的問題而無法成為主流。生料米酒用在再製酒方面
較多，若要直接喝的米酒，仍以熟料生產的米酒為主。早期很多原料商打
著只要買它的米回家去釀酒，將米放入一起配送的發酵桶中加入 3 倍的水，
鎖緊搖均勻，1 個月就可以蒸餾成米酒。其實說穿了就是在販賣的原料米
中加入生料酒麴，加入水後就起反應，最終發酵成酒。

　　生料酒麴不同於一般酒麴，主要在於分解生澱粉。通常生澱粉所需的
分解酵素力價要比熟澱粉要高一萬多倍才可行，而且生澱粉不溶於水，故
其糖化分解屬異質反應，而能作用於生澱粉的糖化分解酵素必須與生澱粉
間有強力吸附作用。經學者專家試驗結果，以 Rhizopus 菌株（根黴菌）分
解活性的效果最好。而在各種生澱粉中以米澱粉最易被分解，大約 6 小時
之分解率達 50％以上。

　　目前在市面流通的生料酒麴，一般生產方法分為兩種：一種是培養法，
一種是配製法。培養法是將麴霉、酒精酵母、生香酵母各自培養，然後按
一定的比例混合，再分裝成成品。配製法則是以商品化的高效性酵素製劑
與複合酵母按比例混合而成，通常生料酒麴的用量要比熟料要多些。生料
酒麴是一種多功能微生物複合酵素酒麴，內含糖化劑、發酵劑和生香劑，
能直接對生原料進行較為徹底的糖化發酵，且出酒率較高，具有一定的生
香能力。

〈生料酒麴的發酵管理要點〉

◆ 糖化劑的選擇要適應多種生原料在高濃度、自然 PH 和常溫條件下直接糖化，能較徹底的水解成葡萄糖。目前用於生料糖化的菌種主要為根黴菌和黑麴霉。其糖化酵素活力（μ /g）≧ 18000。

◆ 發酵劑的選擇耐高溫、耐酸和耐乙醇、抗雜菌能力強、產酒能力強的高活性酵母。酵母細胞數（億個 /g）≧ 20，酵母活細胞率 ≧ 75%。

◆ 生香劑是能提高蒸餾酒的總酯、增加香味成分、提高蒸餾酒品質的生香酵母和酯化麴。有些人直接添加紅麴粉，主要增加酯化，這是有些生料酒麴為紅色的原因。

◆ 在培養或配製的過程中，同時也應輔以適量的酸性蛋白酵素、澱粉酵素、纖維酵素類，以提高糖化發酵速率。

◆ 生料酒麴中的各成分應比例適當，使糖化速率與發酵效率要協調一致，邊糖化邊發酵，發酵的過程仍須符合「前緩、中挺、後緩」的要求。同時要考慮到用麴量少，成本低廉，具有較長的保質期，便於使用和儲存運輸，不能含有毒害物質和邪雜異味。

　　由於大米原料在台灣或大陸都取得容易，用在釀酒時可用整粒生米或碎米。米的澱粉含量高、質地柔軟、易於糖化發酵、出酒率高、酒質純甜淨爽、發酵期週期短和單位成本較低等特點，故除了在台灣坊間外，目前大陸也有許多酒廠以大米為生料釀酒的最佳原料。至於生料釀酒的發酵管理及溫度控制方面，下列的數據是經專家實踐證明的生米原料釀酒工藝參數，以供參考：

氣溫／℃	生米：水	生米：麴	配料溫度	控制溫度	控制品溫	發酵週期
小於 15℃	1：2.3	1：0.008	28 ～ 33℃	28 ～ 35℃	28 ～ 35℃	10 ～ 13 天
15 ～ 25℃	1：2.4	1：0.007	28 ～ 30℃	28 ～ 35℃	28 ～ 35℃	9 ～ 12 天
25 ～ 35℃	1：2.5	1：0.0065	26 ～ 28℃	28 ～ 35℃	28 ～ 35℃	8 ～ 10 天
大於 35℃	1：2.6	1：0.006	25 ～ 28℃	小於 40℃	小於 40℃	7 ～ 9 天

〈生米原料的生料釀酒工藝流程〉

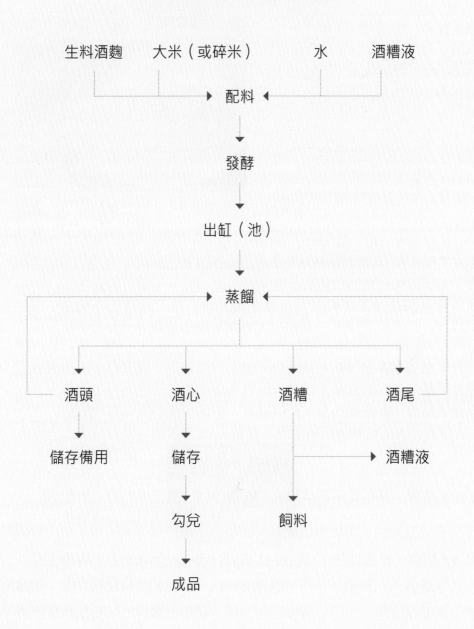

生料酒麴　　大米（或碎米）　　　水　　酒糟液

配料

發酵

出缸（池）

蒸餾

酒頭　　　酒心　　　酒糟　　　酒尾

儲存備用　　儲存　　　　　　　　酒糟液

勾兌　　　飼料

成品

🍶 生料米酒家庭 DIY 的製法（原料不須蒸煮，直接用生米原料）

成品份量 40 度酒 600g

製作所需時間 約 15 ～ 30 天

材料　·蓬萊米 1 台斤（600g）
　　　　（用高粱、米、碎米皆
　　　　可，原料顆粒太粗時，
　　　　則要先加工粉碎再用）

　　　　·生料用酒麴 5g（使用量
　　　　為原料米的千分之七）

　　　　·水 3 台斤（1800cc，發
　　　　酵用水總量為原料米的 3
　　　　倍為原則，水量的多寡
　　　　依當時溫度而定）

工具　發酵罐（1800 cc）1 個
　　　　封口塑膠袋 1 個
　　　　橡皮筋 1 條

步驟

1 洗淨並消毒發酵桶或罐（最多裝八分滿），
移置發酵室中。秤取 1 台斤蓬萊米（也可用
碎米），用清水沖洗一下，但不可長時間沖
淋，避免澱粉質流失。

2 生米沖洗完畢，直接
將生米全部倒入已活
化的發酵液（1800cc
水＋5g 酒麴）桶中。
或先把米倒入桶中，
再直接加入 5g 的生
料酒麴（生料酒麴的
使用量為原料的千分
之七）。

4 加完酒麴與水後應
充分攪拌均勻，使
發酵液無夾心或團
塊出現。活化靜置 1
～ 2 小時左右。

6 再用乾淨、無毒、
無味的塑膠布封好
桶口，以防雜物侵
入，全程採用密閉
發酵。

3 依生米重量按比例
加入 3 台斤的清水（
加清水量為生料原
料的 3 倍，如果浸
泡生米過久或生米
吸水過多時，則可
酌量減少加水量）。

5 讓米與活化後的發
酵液充分攪勻。然
後用繩子或橡皮筋
將封口布封好，先
採好氧發酵。

7 下缸發酵的發酵溫度
應保溫在 28 ～ 35℃
的範圍（配料時的用
水，可用加溫水或冷
卻水來調控溫度，
但所加的總水量不
變）。發酵約 15 天
左右即得生料米酒半
成品。

8 將發酵好的生料米酒，放入家庭天鍋中蒸餾。

9 蒸餾時測出酒的酒精度。

10 蒸餾冷卻後從蛇管流出清澈的酒液。

〈 注意事項 〉

發酵觀察

◆ 釀生料米酒，生產過程一定要採取密封發酵，在米粒崩解粉碎之前一定要每天攪拌或翻動，幫助加速米粒崩解釋放出澱粉質。

◆ 用生料米釀酒前一定要清洗，酒的風味才不會有雜味或異味。

◆ 生料發酵室的溫度控制保持在 28～35℃範圍。

◆ 投料後連續 7 天，每天徹底攪拌 1 次，攪拌同時觀察發酵中的米粒是否已經一捏就碎，發酵醪液的米粒及氣泡會逐漸由強減弱，翻動變緩至停止。

◆ 逐漸地發酵酒醪液無氣泡產生，糟液分離由渾濁變清呈淡黃色。

◆ 若液面無浮動的米粒、酒糟輕輕捏即呈粉碎狀且有疏鬆感，酒香突出，醪液也清澈，且發酵時間已超過 10 天以上，即為發酵結束，可出料蒸餾酒醪。

◆ 在台灣一般情形下，從投料到發酵結束約為 15 天時間左右。

◆ 有些台灣民間釀酒者會加特砂糖來增加出酒量或風味。請務必先將外加糖度與原有的糖度總和設定在 20～25 度，將特砂糖依糖度比例加水並充分攪勻成糖水，依生料發酵情況，最好在第 4 或第 5 天時加入，同時要與發酵醪攪勻，再密閉桶口發酵。

蒸餾技巧

◆ 生料酒麴一般偏酸，甚至有些會有腥味，有些酒麴供應商為了增加酒中酯的香氣會加入一些紅麴粉，造成發酵液變成桃紅色，這不是甚麼特別配方，一旦透過蒸餾，出來的酒都是清澈透明。因為有紅麴協助發酵，蒸餾出來的酒，酒中的乙酸乙酯含量會較多，有淡淡的五糧液風味。

◆ 生料發酵蒸餾出來之酒，最好要再用酒用活性炭過濾，以求得最佳酒質。

台灣生料釀酒實務操作步驟說明

〈原料處理〉

1. 將 18 斗發酵桶洗淨並消毒，然後移置發酵室中。

2. 秤取 23 台斤（14 公斤）蓬萊米（也可以用碎米），用清水沖洗一下，但不可長時間沖淋，以避免澱粉質流失。

3. 依生米量按比例加入 3 倍水量，加入 42 公斤的清水（如果要更精準的加清水量，為生料原料的 2.3 ～ 2.6 倍。如果浸泡生米過久或生米吸水過多時，則須酌量減少加水量）及 98 公克的生料酒麴（生料酒麴的使用量為原料的千分之七），可先將酒麴活化半小時以上，此時可將生米沖洗完畢，全部倒入發酵桶中。

4. 加完配料後應充分攪拌均勻，使料液無酒麴夾心或團塊出現。配料完畢的溫度應保溫在 28 ～ 33℃ 的範圍（配料時的用水，可加溫水或冷卻水來調控溫度，但所加的總水量不變）。

5. 然後用繩子或橡皮筋將乾淨、無毒、無味的塑膠布密封好桶口，以防雜物侵入。

〈發酵管理〉

6. 生料發酵室溫度的控制保持在 28 ～ 35℃ 範圍。

7. 投料 0 ～ 8 小時為前發酵期，發酵醪液面較平靜，偶有小氣泡冒出。

8. 8 ～ 96 小時為主發酵期，發酵醪翻動劇烈，有大量 CO_2 氣體冒出，並拌有嘶嘶聲響，氣味有些沖鼻。進入主發酵階段可每隔 24 小時，將塑膠布揭開並攪拌一次，若發酵桶原料裝過多時，要注意防止發酵醪液溢出桶外，隨時檢查發酵品溫，溫度控制在 28 ～ 35℃ 範圍。此時要注意晝夜溫差不宜過大，如果溫度降至 25℃ 以下時則要注意保溫，否則會影響發酵。當品溫升到 40℃ 時，則要開窗排風降溫，以免酵母早衰。

9. 96 小時後，發酵醪液氣泡逐漸由強減弱，翻動變緩至停止。

10. 當發酵醪液無氣泡產生，糟液分離變清呈淡黃色（用紅麴生料系統者，糟液會成淡桃紅色）。

11. 若液面無浮動的酒糟，酒糟用力捏後有疏鬆感，酒香突出時，即發酵結束，可出料蒸餾酒醪。

12. 一般情形下，從投料到發酵結束約為 10 ～ 15 天時間左右。

13. 台灣民間由於發酵溫度控制不當，很少在發酵期控制在 28 ～ 35℃ 範圍，故通常發酵期一般都非常長，大約需 20 天以上，但由於發酵時間太長，雜菌易生，易感染，是我一直不鼓勵民間釀酒業者用生料釀酒的原因之一，主要是擔心發酵管理不佳，釀出劣酒或酸敗酒質。

〈蒸餾作業〉

14. 將蒸餾器洗淨，放入已發酵完成的酒醪，也可同時加入前次的酒頭及酒尾。加料後液面務必離蒸鍋上口保有適當距離，不可貪心裝太滿，蒸餾時會因酒糟滾動而溢出。

15. 裝妥冷凝器及冷卻水進出管路，有些設備需進行水封或用濕布封，以避免跑氣。

16. 加大火勢煮料，流（出）酒時，應控制火勢，緩火蒸酒。

17. 為避免收集到有害物質，即甲醇及雜醇類物質，最好蒸餾前段流（出）酒的 1 ～ 2% 不予以收集（甲醇收集後可用於環境消毒）。

18. 另接流酒前段的 1% 為酒頭，酒頭可以下次重蒸或儲存備用。

19. 然後收集酒心，流（出）酒溫度應在 35℃ 以下，出酒溫度越低越好，最好控制低於 30℃ 以下（流酒溫度可用冷卻水進水量大小來控制，開大冷卻水進水量則流酒溫度低，反之亦高），若流酒溫度過高，冷卻效果不好，就會有酒氣逸出，影響出酒率。

20. 蒸餾結束後，可用 70℃ 以上的冷卻水燙洗釀酒用具。

　　總而言之，蒸餾作業必須做到裝料適中，加熱迅速穩定，火勢兩頭大，中間緩，低溫流酒，截頭去尾。

〈 注意事項 〉

◆ 蒸餾過程中要防止沖鍋及暴沸現象：防止將鍋蓋沖開，跑出大量酒氣或使酒醪液溢出。而暴沸是指發酵醪液隨酒氣帶出，一起進入酒中，使酒液混濁。其主要原因是裝料過多、過滿，蒸酒時火力過大，鍋蓋較輕，發酵酒醪泡沫過多所造成。

◆ 防止糊鍋現象發生：糊鍋現象的產生主要是發酵不完全，酒精中含有較多的殘餘澱粉沉於鍋底或局部過度受熱而產生碳化現象，其焦糊苦味在酒中很難去除，嚴重影響酒的品質。改善的方法有：改用發酵力強的酒麴，發酵時間拉長，蒸鍋徹底洗淨無殘渣，可將酒醪用布袋粗濾，酒糟用布袋裝好懸置於鍋中，以免酒糟沉澱生焦，或改用間接加熱方式蒸餾。

🍶 生料釀酒過程中常見的發酵異常及解決措施

發酵遲緩

現象：投料 48 小時後，發酵醪液面較平靜，氣泡少而無力，無刺鼻氣味，醪液無翻動和聲響現象。

產生原因：加水量過大，超過原料的 5 倍，且水質不好；物料攪拌不均勻；配料溫度、室溫、品溫過低（低於 15℃）或過高（高於 40℃）；生料酒麴用量太少或質量太差；糖化發酵能力弱；原料顆粒過大；雜菌污染嚴重。

解決措施：

* 嚴格按工藝要求配料，控制室溫和品溫在 28 ～ 35℃ 範圍內，加強保溫或降溫管理。
* 選用品質好的生料酒麴。可適當加大酒麴添加量。
* 生料酒麴原料要求粉碎，控制在 40 目內。
* 做好清潔衛生及殺菌工作，製酒容器要徹底滅菌，減少雜菌傳染機會。

發酵迅猛

現象：投料 6 小時後，發酵醪液翻動劇烈，有大量氣泡產生，24 小時後發酵迅速減弱，氣泡少、翻動無力，發酵過程呈前猛後弱的態勢。

產生原因：配料溫度、室溫、品溫高於 38℃，造成酵母早衰；用麴量過大；24 小時後未採取保溫措施，使室溫劇降至 15℃ 以下，造成溫差過大，影響主發酵；感染雜菌嚴重。

解決措施：

* 嚴格按工藝要求配料，控制室溫和品溫在 28 ～ 35℃ 範圍內，加強保溫或降溫管理及調控管理，防止日夜溫差過大。
* 適當減少用麴量。
* 注意清潔衛生，做好滅菌工作。

發酵酸敗

現象：發酵醪酸度過大，醪液酸澀味重並有餿酸味，氣泡大而無力且經久不散，醪液混濁，糟液不分離。

產生原因：主要是原輔料、生產用具和環境中的醋酸菌和乳酸菌侵入，污染大量繁殖而影響酵母菌的正常代謝，造成酸敗現象。

解決措施：

◆ 做好清潔衛生及殺菌工作，製酒容器要徹底滅菌，減少雜菌傳染的機會。

◆ 選用無霉爛、無變質或含澱粉質高的好原料。

◆ 選用品質好的生料酒麴。

◆ 發酵室內用消毒水洗，做防蠅、防塵、防鼠，用乾淨無毒塑膠布遮蓋發酵桶。

◆ 必要時在酒醪液中添加萬分之一的漂白水殺菌，可防止酸敗現象發生。

出酒率下降

現象：原料出酒率對比下降 5 ～ 10%

產生原因：

◆ 原料品質差，可能有霉爛、蟲蛀、雜質多、水分高、澱粉含量低或計量不準確，顆粒過大或配料攪拌不均勻。

◆ 生料酒麴品質差，感染雜菌嚴重，發酵異常。

◆ 發酵溫度未控制，溫度忽高忽低。

◆ 發酵時間不夠，糖化發酵不完全、不徹底，發酵不均勻、或發酵時間過長或發酵結束後未即時蒸餾造成酒分揮發。

◆ 蒸餾過程密封不嚴而跑出酒氣、冷凝器漏酒、流酒溫度過高、酒尾未吊淨或酒糟中含酒精成分過高。

解決措施：

◆ 選擇好原料，選擇好酒麴，配料計量要準確。

◆ 做好清潔衛生及殺菌工作，製酒容器要徹底滅菌，減少雜菌傳染機會。

◆ 即時蒸餾，不提早或延長發酵期；徹底檢查蒸餾工作並做好蒸餾作業標準。

福州紅麴酒

　　紅麴一般可分為四大類：輕麴、庫麴、色麴、烏衣紅麴。不管在菌種、色澤或用途上差異相當大。輕麴一般用於醃製釀造食材，庫麴、烏衣紅麴則用於釀酒，色麴則用於色素、染色用。目前市面流行一種叫保健紅麴或叫藥用紅麴，主要因內容物含有 Monacolin K 的降血脂藥用成分而名揚四海。再加上全世界重視食安問題，歐盟體系，尤其是德國大量將紅麴產生的天然色素應用於德國豬腳火腿中，產生自然色澤與特殊風味。

　　我個人喜歡烏衣紅麴，色澤暗紫紅，釀出來的酒色較暗紅而濃郁。曾經想將烏衣紅麴原料引進台灣，但是沒成功。下次讀者若有機會碰到紅麴米時，不彷將米粒扳斷，觀察斷裂的紅麴米米心，若中間出現一個黑點，旁邊被白色包圍，最外圍表面被紅色包圍，這就是烏衣紅麴，這一種是非常特別與不可思議的菌種，值得開發。我很喜歡喝用它釀出來的紅麴酒，在大陸也有人直接當作紹興酒來銷售。

　　紅麴米可以直接當原料，也可以直接當菌種用。它用在做菌種時，可以邊糖化、邊發酵。除了可發揮糖化作用外，紅麴米內就含有大量釀酒酵母菌，所以可使糯米飯的澱粉轉化成酒，而且轉化出來的酒精濃度很高（發

酵終了約 14 ～ 17 度）。另外紅麴米的耐酒精度也比其他酒麴要高。如果有酒協同發酵作用時，會大量減少發酵中的雜菌污染，像客家紅麴酒的發酵，就比福州紅麴酒的發酵減少許多污染現象，生產出來的酒香較濃郁，連糟也特別香甜。在大陸紅麴酒廠釀紅麴酒時，大都會額外再加入藥白麴，也就是加些中藥材的白殼，主要是增加特殊香氣。

在台灣，福州紅麴酒的釀造時間一定要在中秋節以後，否則釀出來的酒會偏酸。釀福州紅麴酒有一個特別現象，如果是在中秋節之後，清明節之前釀酒，釀出來的酒會偏甜；如果是端午節之後，中秋節之前所釀出來的酒普遍是偏酸的。釀酒季節要抓準，才會釀出好酒。原因在溫度過高，醋酸菌容易附著而產酸。所以福州紅麴酒的生產季節是中秋節之後，清明節之前。把握此季節就可以釀出好酒來。如果有溫控設備，一年四季都可以釀出好酒。

💡 福州紅麴酒釀造原物料

- 🔹 **原料**：圓糯米、紅麴米、水。
- 🔹 **甜酒麴用量**：原料米的 1/10。
- 🔹 **水用量**：煮飯用水量 0.8 ～ 1 倍、發酵過程用水量 1.5 倍。
- 🔹 **最佳發酵溫度**：30℃（25 ～ 35℃）。
- 🔹 **發酵完成期**：夏天 15 ～ 60 天、冬天 15 ～ 60 天。
- 🔹 **出酒率**：1 台斤米（不外加砂糖），可得 1.5 台斤 15 度酒。
- 🔹 **風味**：無餿水味，風味純正，無雜味，有特殊紅麴香味。

福州紅麴酒生產發酵釀造過程

◆ **第一天**：準備原料量 1.5 倍的冷開水→活化菌（紅麴米添加量 1/10）→原料清洗→浸泡→蒸熟→攤涼（攤涼溫度 30℃）→入缸攪勻發酵。

◆ **第二天**：由紅麴菌進行邊糖化邊發酵→將飯中的澱粉分解出糖汁及長出新紅麴菌→每天須攪拌一次。

◆ **第三天**：繼續糖化出汁→（新的紅麴菌越長越多）→發酵過程最好控制在溫度 30℃→飯粒開始變濕變紅。

◆ **第四天**：繼續糖化出汁→七天內每天仍須攪拌一次→開始進行發酵高峰期→發酵物猛烈向上漲至液面。

◆ **第五天**：早上仍須攪拌酒糟→酒糟混合下沉後又會上浮→攪拌酒糟後要密封發酵較好，可減少酸度。

◆ **第六天**：酒糟中的紅麴飯開始由底部往上浮→紅麴米內酵母菌進行增生→同時進行酒精發酵過程。

◆ **第七天**：酒糟中的底部汁液逐漸增多→可看見下部飯粒開始往上移動→酒糟飯粒在下部開始分層。

◆ **第八天**：酒糟的底部酒汁逐漸增多→可以不再攪動，採用密閉發酵→飯粒加速沉沉浮浮活動中。

◆ **第九天**：酒糟底部的飯粒逐漸增多→形成液體在中間較下面位置停留→液體顏色呈現紅色混濁狀。

◆ **第十天**：酒糟的飯粒大致沉底→形成液體在中間位置→液體仍呈現紅色混濁狀，但開始逐漸轉清澈。

◈ **第十一天**：酒糟的飯粒下沉轉穩定→仍形成液體在中間，但逐漸呈現酒汁轉清澈→液面偶有冒小氣泡。

◈ **第十二天**：酒糟底部的飯粒逐漸穩定→液體上升到中上位置→呈現紅色混濁狀轉清澈進行中。

◈ **第十三天**：酒糟底部的飯粒逐漸增多→形成液體在中上位置→液體已呈現轉較清澈狀約可透視。

◈ **第十四天**：酒糟上部的飯粒大致下沉→形成液體在中間轉清澈→此時的酒精度約 15 度左右。

◈ **第十五天**：可進行過濾成紅麴酒並再繼續發酵→也同時將過濾出的紅糟渣加 2％細鹽攪拌成福州紅糟，以抑制繼續發酵。

福州紅麴酒家庭 DIY 製法

成品份量　15 度酒 1500cc

製作所需時間　3 個月

材料　· 圓糯米 1 公斤（1000 g）
　　　· 酒用紅麴 100g（若想發酵快及酒精度較高則可外加酒麴 5g）
　　　· 冷開水 1.5 公斤（1500 cc）

工具　發酵罐（1800 cc）1 個
　　　封口布 1 條
　　　橡皮筋 1 條

要領　加水量為生糯米總量的 150%，即 1000g 糯米配 1500g（cc）水（生糯米 1：發酵用水 1.5 倍）
　　　加紅麴量為生糯米總量的 10%，即 1000g 糯米配 100g 酒用紅麴（生糯米 1：紅麴菌 0.1 倍）

步驟

1 取清潔酒甕或不鏽鋼鍋，依比例加入發酵所需的 1.5 倍冷開水量，然後將酒用紅麴米倒入甕中或不鏽鋼鍋中，浸泡 2 ～ 12 小時（依溫度情況自行調整浸泡時間）。

2 再將浸泡好的生糯
米瀝乾，加水量 0.7
～ 1 倍，蒸熟或炊
熟。攤涼至 35℃ 左
右，放入已浸泡活
化好的酒用紅麴米
的甕中。

3 將麴與飯攪拌均勻，
攪拌後，飯會吸水
變乾。

4 蓋好蓋子或用消毒
過的封口布蓋好，
用橡皮筋捆緊，以
防昆蟲侵入。

5 放在家中陰涼處發
酵。第一週每天用
乾淨的木棍或不鏽
鋼湯匙上下翻攪紅
麴酒醪一次。第二
週後，每隔 7 天翻
攪一次（注意攪拌
容器的乾淨消毒）。

6 發酵浸泡 15 天或 45
～ 60 天後，可裝入
濾袋壓榨出汁，提
取紅麴酒，剩下的
酒糟即為紅糟。

〈 注意事項 〉

佈麴技巧

◆ 榨出來的酒需再放 1～3 年最佳。避免紅麴酒繼續發酵或變酸的處理方式。

方法一：

1. 將壓榨出的紅麴酒倒入清潔酒甕，嚴格密封甕口。

2. 古法是：取稻草和穀殼圍在酒甕周圍約酒甕高度的四分之三，點火溫酒至手摸甕面發燙即可滅火儲存。

方法二：用不鏽鋼鍋或玻璃瓶裝酒，隔水加熱，加熱溫度 70℃，加熱時間約需 60 分鐘。

發酵觀察

◆ 不管用哪種酒用紅麴，一定要用活菌的紅麴，有些紅麴是色素用的紅麴，常是死菌，無法讓糯米產生酒精，只是染色用，千萬要注意。

◆ 前期浸泡酒用紅麴時，水溫最好在 30℃ 左右，可讓紅麴菌先活化復甦。

◆ 蒸飯要熟透又 Q，不要太爛像稀飯，出酒率才會較高，而且風味較完整。

◆ 用長糯米或圓糯米皆可，只是圓糯米會產生較甜口感，其他穀類也可行。

風味判斷

◆ 酒用紅麴分很多品種，庫麴與輕麴做出的酒會較鮮紅，烏衣紅麴或窖麴作出的紅麴酒顏色會較暗紅或帶墨綠色。公賣局的紅露酒較接近庫麴釀酒。

◆ 自製的紅麴酒與公賣局的紅露酒是不同的，酒精度不高（約 15 度），味道較醇厚綿甜，沒辛辣味，有點尾酸。而公賣局之紅露酒，因成本考量，有外加食用酒精勾兌，酒精度較高（約 20 度），過濾較乾淨，酒的澄清度較高。

◆ 釀福州紅麴酒有一個特別現象，如果是在秋天中秋節之後，清明節之前開始釀酒，釀出來的酒會偏甜；如果是端午節之後，中秋節之前釀出來的酒普遍是偏酸的。釀酒季節要抓準，才會釀出好酒來。有溫控設備，一年四季都可以釀出好酒。

客家紅麴酒

　　早期客家人對紅糟的印象很深刻，每年農曆過年前一個月左右，母親及舅媽們就會準備釀一年一度的客家紅糟，當時客家語叫做（驪媽），其實意思是做麴母（客家人常把東西分公母，如刀母、碗公）。母親喜歡利用開口較大的客家缽來釀裝紅糟，到中藥店買做種的紅麴米、20 度米酒和圓糯米來做紅糟。每天看母親很細心照顧，大約 2 個星期就完成。直到除夕的前幾天，會將拜完祖先或拜天公的牲禮浸入釀好的紅糟中，醃製 3 ～ 5 天，接著除夕夜團圓飯就可以吃，年初二以後拿出來請親戚朋友共享，一直吃到天穿日為止。最後剩餘的紅糟就拿去餵豬。

　　釀好的客家紅糟用壓榨的方式將液體與糟分離，經幾天的沉澱就會澄清，取其澄清液就是甜口的紅麴酒。

🍷 客家紅麴酒家庭 DIY 製法

成品份量 約 1500g

製作所需時間 約 10 ～ 15 天

材料 ・圓糯米 1 台斤（600g）
・今朝紅麴米 60g
・20 度米酒 1 瓶（600 cc）
・細鹽 12 ～ 18g（2 ～ 3%）
（現在家家戶戶有冰箱，
所以不一定要加鹽）

工具 發酵罐（1800 cc）1 個
封口布 1 條
橡皮筋 1 條

要領 發酵時加紅麴米量為生糯米總量的 10%，即 600g 生糯米配 60g 酒用紅麴（生的圓糯米 1：酒用紅麴米 0.1）。

加米酒量為圓糯米 1 台斤加 20 度米酒 600 cc，米酒要分三次量加入（一次 200cc）（生的圓糯米 1 台斤：20 度米酒 1 瓶 600 cc）。

步驟

1 將 1 台斤圓糯米浸
泡（依溫度情況自
行調整浸泡時間）、
瀝乾、以加水量 0.7
～ 1 倍方式蒸熟或
炊熟。

3 再加入酒用紅麴米
60g，再攪拌均勻，
多拌幾次，顏色會
更深。

2 然後攤涼至糯米飯
35℃左右，加入 20
度米酒 200 cc，攪
拌均勻，同時將飯
粒打散。

4 放入甕中發酵，
用噴過酒精的紙
巾擦拭瓶口，並
蓋好蓋子或用消
毒過的布封口以
防止昆蟲侵入，
放在家中陰涼處
發酵。

5 第二天，再加入 20 度米酒 200cc，並用乾淨的筷子上下翻攪紅麴酒醪一次。第三天，再加入 20 度米酒 200cc，再翻攪一次。注意攪拌容器要消毒乾淨。之後，每天攪拌一次連續 7 天，再靜置發酵約 10 ～ 15 天後即發酵完成。

6 客家紅糟嘗起來有濃濃的甜味及酒香味，且顏色應呈自然鮮豔的紅色。最後如果要直接收成做紅糟，才再加入 12 公克的細鹽攪拌均勻即大功告成。醃肉時，一般醃熟肉 2 ～ 3 天即可切盤食用。若是釀紅麴酒就可以用壓榨的方式將液體與糟分離，液體經幾天的沉澱就會澄清，取其澄清液就是紅麴酒。

〈 注意事項 〉

發酵觀察

◆ 不管用哪種酒用紅麴，一定要用活菌的紅麴，有些紅麴是色素用的紅麴，常是死菌，無法讓糯米產生酒精，只是染色用，千萬要注意。

◆ 發酵時先加入米酒的作用是在幫助發酵初期減少雜菌污染，增加發酵成功率及增加紅糟風味。一般紅麴菌的最佳耐酒精濃度在 6 度左右，故添加米酒時，一定要分三次加，以減少酒糟中的總酒精濃度太高時影響發酵的可能性，甚至遏阻發酵。一般人常常一次就加入整罐 20 度米酒，還是會成功，但風險較大，我的方法分三次加酒是不會失敗的。

◆ 蒸飯要熟透有 Q 度，但不要爛，出酒率才會較高，而且客家紅糟風味較完整。

◆ 糯米用長糯米或圓糯米皆可，只是圓糯米會產生較甜感，一般人皆使用圓糯米。

風味判斷

◆ 一般自製的客家紅糟，酒精度不高很協調，味道較醇厚綿甜，沒辛辣味。有些廠商因成本考量及沒選對紅麴，發酵完成後，再外加米酒及人工紅色素，此種做法抹滅了客家紅糟的精華。

◆ 壓榨後的客家紅糟用於熟肉的浸泡或醃漬，福州紅糟則用於生肉的浸泡或醃漬，是兩者最大不同點。兩者榨出來的酒汁皆可繼續陳放成紅麴酒，但風味會大大不同。

🍶 重釀酒的釀製法

重釀酒是我早期到大陸學釀造酒時，最喜歡的釀造酒，甜而順口，酒體豐厚，不像紹興酒酸甜的口感。當時在台灣沒喝過這麼濃香的低度酒，後來才發現重釀就是再製作，把原有的風味再往上增強修飾成為較完美的酒。幾年前我在釀造日本味霖時，改良了日本的釀製法，幾個月後出現類似重釀的甜酒味，才體會到祖先的智慧。

🍶 改良式重釀酒釀製法

材料　·圓糯米 5 台斤 (3000g)
　　　·紅麴米 300g（千分之十）
　　　·酒麴 15g（若用甜酒麴，添加 30g）
　　　·46 度米酒 5.2 台斤（3120 cc）（生米總量的 0.95 倍）

步驟　1 圓糯米浸泡蒸熟攤涼，依甜酒釀製法將紅麴菌及酒麴佈菌完成後，在 30 ～ 34℃ 發酵室培養 36 小時待用。

　　　2 發酵 3 ～ 5 天，發酵罐周邊會出汁，淹至罐身八分滿。

　　　3 此時倒入已定好量、裝有 46 度蒸餾米酒的發酵罐中，需經充分攪拌後加蓋、密封，並置於 25℃ 室內發酵熟成。

　　　4 然後每隔 5 ～ 10 天攪拌一次，約經 60 天即熟成。

　　　5 過濾即製得產品，一般重釀酒要加熱殺菌。

注意事項　◆ 有些人在釀製重釀酒時，原料不加紅麴米，等於直接用糯米酒來重釀，發酵過程一律不加水改用加酒來進行緩慢發酵，故酒液呈現甜口，雖然額外加入的酒精度會被糯米酒稀釋，但整體殘留的酒精度仍偏高，陳釀 1～1.5 年，酒色逐漸轉深呈金紅色，酒味越加甜美醇和。

◆ 重釀酒中用的酒，酒精度不一定要 46 度，其實用 40 度的酒較方便，最終的口感皆雷同。這一系列的酒皆屬甜酒系列。沒喝過重釀酒，千萬不要說不好喝。

清酒

日本清酒是以精白度較高的粳米為原料，以米麴菌培養的米麴和清酒培育的酒母為糖化發酵劑，採用酒母一次性投入，水、米飯、米麴分三次投料，低溫發酵等特殊工藝釀製而成，與中國的黃酒屬於同類型釀造酒。清酒的酒精含量一般為 15 ～ 17％，並含有多量的糖分及含氮物質浸出物，是一種營養豐富的低酒精飲料。酒液色淡，香氣獨特，口味有甜、辣、濃郁、淡麗之區分。

由於日本清酒的原料用米只有粳米一類，對米的純度要求很高，精米率一般規定：酒母用米為 70％，發酵用米為 75％，要求充分去除米糠等雜質，使蛋白質、脂肪、灰分等有害釀酒的雜味成分盡量減少。菌種為米麴黴菌類，釀造用麴量高達 20％左右。另外，酒母用米量為原料米量的 7％左右。

🍶 改良式清酒的製法

材料 ·精選粳米（蓬萊米）1公斤（1000 g）
·酒麴 5g（原料米量的千分之五）
·水 1公斤（1000 cc）

要領 ◆ 選擇發酵米的精白度要很高，主要是要移除蛋白質及脂質。

◆ 採 15℃ 低溫發酵，時間比米酒發酵期要長些，與紅麴酒、糯米酒雷同。

◆ 過濾要用酒用活性炭過濾，以去雜味，酒更清亮透明。

步驟

1 精選米質：選用優質蓬萊米，精白度要求在 50 ～ 70%。

2 洗滌及浸泡：洗去雜質，並浸泡原料米 4 小時以上。

3 蒸煮：依設備的不同做適當的調整，一般之木蒸桶蒸至米表面上變色後，需蒸 20 分鐘，再燜 20 分鐘。

4 冷卻、佈菌拌麴：可直接用複合酒麴或黑黴米麴菌，添加量約千分之五，於米飯放涼至 30 ～ 35℃ 時佈菌，務必要求每粒飯粒能沾到麴菌為原則。

5 做堆、攤堆、翻堆：拌麴完成，堆成圓錐狀，蓋上乾淨的布，1天後再打開揉散攪拌，再蓋布，12 小時後若發酵溫度過高，則需要再打開翻堆冷卻。

6 下缸發酵：第三天時，將已長滿白色菌絲或已糖化的米飯倒入發酵桶中，並加入釀造用水攪拌均勻。

7 **攪拌**：下缸發酵前三天，早、晚各攪拌 1 次，三天後，採密封發酵。密封發酵最好裝上發酵栓（水封）較省事。若無水封需注意發酵桶內二氧化碳的含量。

8 **前發酵期**：自下缸日起算約 15 ～ 20 天（視原料及環境而有所不同），前三天發酵採用有氧發酵，後十七天發酵採用厭氧發酵。

9 **過濾轉桶**：發酵約 20 天後，採用虹吸管或濾袋將澄清液與沉澱物酒糟分開，進行轉桶後期發酵。

10 **後發酵**：後發酵進行到不再有二氧化碳冒出，發酵靜止即算完成。

11 **轉桶熟成**：發酵完成後再經過澄清、過濾、裝瓶、滅菌，放在陰涼處儲存。

12 **酒用活性炭過濾**：最後一道過濾，採用活性炭過濾以去酒中雜質、雜味。

13 **裝瓶滅菌**：用 60 ～ 70℃ 溫度隔水滅菌 1 小時。滅菌時瓶蓋不可蓋上或鎖緊。

14 **儲存**：清酒一般儲存 10 個月以上使其熟成，時間愈長則酒香味越濃，並在低溫下熟成。

啤酒

　　啤酒是一種很古老的酒，也是一種世界性的酒，可說是世界產量最大、消費最多的一種酒。在古代，人們利用發芽過的大麥、小麥或蕎麥來釀造，並且能釀造出許多不同類型的啤酒。世界各地製造啤酒基本上都是使用大麥芽為釀造原料，所以有人又稱為麥酒。

　　其實早期的啤酒是使用許多不同種類的香料和草藥，沒有使用啤酒花來釀造，後來才統一使用啤酒花來做香料

　　啤酒是以麥芽為主要原料，以啤酒花為香料，經過糖化發酵釀製含有二氧化碳的、起泡的低酒精含量飲料。

　　曾有許多讀者詢問啤酒做法，啤酒釀造方法並不難，網路、書籍介紹一大堆，如果真有心，還可花錢飛到世界知名的湖北省武漢啤酒學校正規學習啤酒釀造技術。在台灣最困難的是買到適合的啤酒原料，如已發芽的麥芽與啤酒花，還有可控制的糖化槽及恆溫發酵槽。市場上小小的啤酒試驗設備就要五十萬以上，曾經想過在台灣各地設立區域性的特色鮮啤酒廠，但這幾年看到太多啤酒廠關閉，似乎意味這行業不適合小型廠。不過，由於精釀啤酒已在台灣逐漸成形，又燃起了一線希望。

下面是澳洲知名的 DIY 啤酒做法，只要投資第一次幾千元的整箱周邊設備，就可以釀造出大約 20 公升的啤酒，以後每次只要買現成不同口味的專用濃縮麥芽精及啤酒酵母，就可不斷的自釀啤酒。等自釀技術成熟後，再進一步去追尋控制糖化程度與發酵管理過程的釀啤酒樂趣。

家釀啤酒 DIY 的製法

材料　·精選啤酒專用濃縮麥芽精 2 公斤（2000g）

　　　·啤酒酵母 1g（原料汁量的萬分之五）（哈比啤酒提供）

　　　·水 20 公升（20000 cc）

工具　發酵桶 1 個

要領　◆ 選擇國際知名度高的 DIY 啤酒濃縮麥芽精及個人喜歡的口味。

　　　◆ 所有發酵用工具、器皿、桶罐、瓶子要潔淨。

　　　◆ 採 15 ～ 20℃ 低溫發酵。

步驟　**1 精選濃縮麥芽精**：選用自己喜歡的麥芽精口味，一個發酵桶只裝一種口味。

　　　2 調製啤酒發酵醪：將現成濃縮的麥芽精用熱水浸泡融化，開罐後，並加入 20 公升溫開水及 1 公斤砂糖於發酵桶中，並攪拌均勻，達到適當的麥芽汁濃度。

3 **啤酒酵母菌活化**：取一清潔適合之玻璃杯，倒入乾燥顆粒的啤酒酵母，同時倒入 100 cc 已調好之麥芽汁，搖勻，靜置 20 ~ 30 分鐘使其酵母菌活化增殖。

4 **倒入酵母發酵**：將已活化好的啤酒酵母倒入已調好的 20 公升麥芽汁之中，攪勻，蓋上蓋子，並裝上發酵栓（水封），但不加水（此時桶內空氣仍可與外界流通），靜置 1 天，以利桶內酵母菌在麥芽汁之中進行有氧繁殖。

5 **攪拌混合**：第二天直接搖晃發酵桶，以使桶內酵母菌均勻分布於麥汁中，將適量水加入發酵栓中，以阻隔發酵桶內的空氣，此時酵母菌進行無氧（厭氧）發酵，將在發酵中產生酒精及二氧化碳。

6 **前發酵**：發酵栓加水後即進入前發酵期，約進行 5 ~ 7 天（視原料及溫度而定），此時桶內的麥芽汁及酵母菌進行無氧發酵，桶內產生酒精及二氧化碳。當發酵桶內的壓力大於外面的大氣壓時，二氧化碳就會經由發酵栓排出桶外。

7 **裝瓶、後發酵**：將 8 公克砂糖，裝入已清潔好的 600cc 壓力寶特瓶中（可利用回收的蘋果西打瓶或可口可樂瓶用），並將已發酵完成的麥芽酒汁裝滿瓶中，搖晃均勻，使砂糖融解，此時裝瓶進入後發酵期，需進行 15 天發酵。如果啤酒風味要更好，可放置 3 個月再喝。

8 **熟成**：熟成後裝瓶。好的啤酒，在儲存時不需冷藏，除非是馬上要飲用，可採用冷藏發酵。

9 **儲存**：家釀的啤酒一般可儲存 12 個月以上使其熟成，時間愈長則酒香味越濃。

另外大約在 2007 年後台灣逐漸開始流行手釀啤酒（Homebrew Beer）的風潮，一群對自釀啤酒有興趣且專業的年輕人紛紛在 Facebook 或部落格中成立自釀啤酒討論社團，也引進國外的 DIY 設備及各種原材料，打開了台灣精釀啤酒的市場。

手釀啤酒將是全球的趨勢。由於消費者厭倦啤酒大廠的全球行銷，喝來喝去都差不多幾種味道，毫無新鮮感。英國從 1970 年代發起微型釀酒運動後，許多國外人士在自家客廳、廚房或車庫，用簡易的工具設備，釀製自己的啤酒，創造自己的特色啤酒，這種個性化啤酒，適合喜歡在家中庭院聚會聯誼享受美食的歐美，很快地在各地發酵，更帶動全球風潮。目前非官方統計台灣的精釀啤酒廠大約有 20 多家，不過零售價不低。相信台灣人喜歡在過節時烤肉的文化推動之下，自釀啤酒的需求應該很快便會流行起來。

下面介紹的手釀啤酒與前篇不一樣的地方在於麥芽要自己糖化及加入啤酒花，前篇直接買大廠做好的麥芽精來調整即可。此篇難度較大，變化也大，非常有挑戰性。在此僅介紹基礎。動手做之後，若有不足盡量上網查詢資訊，買原料時多去請教廠家用量、用法、變化或別人的實務經驗。不要迷信國外的原料品種，自己喜歡的才是最重要。

自釀手作啤酒前：

1 準備工作

在開始釀造啤酒前，先確認各種會用到的原料和器材是否都已備妥。

　　釀啤酒基本原料有：麥芽、啤酒花、酵母、水。設備一般有：糖化用鍋、過濾袋、發酵桶及水封、麥汁冷卻蛇管、溫度計、三用比重計及量筒、消毒酒精、料理磅秤、鎖瓶器及茶色玻璃瓶。

2 設備工具的清潔與消毒

1. 調製麥汁、糖化

　　釀酒主要的原料為大麥芽，這和一般在鳥飼料店買的大麥飼料不同。大麥芽是大麥經由發芽後而成，基本上一般的自釀啤酒者都不會自行發芽，都是直接買進口已發芽乾燥的啤酒專用麥芽。有些是碾好的碎麥芽，或者要自己碾碎，碾碎的粗細會因為麥芽品種而不同，但大部分的原則是碾破就好，不要到粉末的階段。主要是碾太細，在糖化完成後會很難過濾，而碾碎的麥芽泡在特定溫度的水中時，麥芽裡的酵素會活化，進而將澱粉轉化為糖類，這步驟稱之為糖化，一般都是用一步驟出糖的方式糖化，也就是在 62 ～ 68℃ 的水中浸泡，然後持續浸泡 60 ～ 90 分鐘。我的做法是，麥芽原料：水＝ 1：4，先將水煮至 40℃，熄火，加入碎麥芽，攪拌均勻，浸泡 30 分鐘，讓麥芽充分復水潤透，再加溫至 65℃，保溫維持 65℃ 持續 60 分鐘進行糖化，中間要進行攪拌達到充分糖化效果。糖化完成後，再將麥汁升溫至 78℃ 持續 15 分鐘，讓酵素鈍化停止工作，溫度不要超過 80℃，溫度過高會造成丹寧溶出，麥汁會有苦澀味。建議用隔水加熱法，可避免底部過熱燒焦或走味。

2. 第一次過濾

　　糖化完成後開始過濾，可用簡易的豆漿袋過濾，也可加溫至 75℃，浸泡 10 分鐘後，再利用過濾後的麥汁沖洗過濾的麥渣，溶出更多殘餘糖成分，提高出糖率。

3. 麥汁煮沸加啤酒花、第二次過濾

　　過濾後的麥汁加入啤酒花，啤酒花即是啤酒中香味與苦味的來源，另外煮沸可以將麥汁中大部分的細菌殺死。煮沸過程中不要蓋鍋蓋，這樣可讓一些影響味道的化合物揮發，若麥汁因蒸發而減少，可以酌量加水補充。

　　麥汁加熱滾開後第一次加入 2/3 量的啤酒花來萃取苦味，這時開始計算時間，持續煮滾麥汁 60 分鐘後關火，在關火前 5 ～ 10 分鐘加入第二次 1/3 量的啤酒花來萃取香味，完成後做第二次過濾，把殘渣濾掉。啤酒花的添加量請依不同品種說明建議量添加，一般添加量約 28g/20 公升。

4. 冷卻、入發酵桶

　　在煮完麥汁前 10 分鐘，可將冷卻用蛇管放入加熱鍋中一起煮做滅菌。或將熄火後的麥汁用水浴法冷卻，麥汁必須冷卻至適合酵母生長的溫度，此時先做測量前發酵比重，並記錄下來。煮滾麥汁移至發酵桶內再冷卻，同時利用熱溫幫發酵桶滅菌。如果是塑膠的發酵桶則要冷卻後才入發酵桶。在接種已活化的啤酒專用酵母菌後。酵母會持續增殖，直到氧氣或養分用完為止。所以發酵桶發酵最好仍留有 20％空間，提供充足的氧氣供酵母達到適當的數量及防止溢罐。

5. 接種啤酒酵母

　　將已活化的啤酒酵母倒入冷卻後的麥汁裡，在當酵母倒入發酵桶時，請確認麥汁的溫度是否夠低，適合植入的啤酒酵母溫度應該低於 25℃，然後最好移到 15 ～ 20℃ 的發酵環境中發酵。

4 啤酒的發酵過程

1. 在發酵桶中的主發酵

將發酵桶裝上水封 (發酵栓) 保持在桶內 15 ～ 20℃ 的發酵環境， 發酵 2 個星期以上。一般啤酒發酵，前 72 小時為酵母高泡期，會看到液面有很厚的一層泡沫，而且看到麥汁會在發酵桶裡面翻滾，水封快速冒出氣泡，這期間溫度可以控制低一點約至 15 ～ 18℃ 左右。等到兩個星期左右，發酵桶底會有一層厚厚的酵母沉底，水封漸漸停止冒出氣泡就可以取樣用三用比重計測量比重，若連續兩天所測量的比重都沒有再變化，即可準備裝瓶。一般若用上層發酵的 Ale 啤酒酵母，發酵溫度控制在約 20℃，發酵期約 7 天左右，若是用下層發酵的 Lager 啤酒酵母，發酵溫度控制在約 15℃，因為發酵溫度低，發酵期約需 14 天左右。

2. 主發酵完成後的處理

發酵完成時，可先將沉底的酵母菌渣從底部排出，減少混濁，若設備不允許時亦可採用過濾袋細過濾一次，再讓它靜置澄清。

3. 裝瓶

準備褐色玻璃瓶，加入 0.6 ～ 0.8g/ 100cc 的比例的葡萄糖或台糖小袋裝的精緻細砂糖，作為後發酵時的二次發酵，能產生二氧化碳氣體，然後再注入啤酒液，不要裝太滿，離瓶口約 5 公分，封瓶。在裝瓶時請勿吸到發酵桶的沉底酵母，最安全的作法是先用虹吸的方式換桶，將釀好的啤酒液轉桶移至另一桶，先去除啤酒酵母菌渣後，再裝瓶。

🍶 酒釀面膜（酒粕面膜）自製法

材料　甜酒釀 500g

　　　紅葡萄釀造酒 50 cc（約 2 茶匙）

　　　高嶺土 150g（約 10 茶匙）

步驟　**1** 取 1 台斤圓糯米，煮熟、放涼，加入酒麴，拌勻發酵 5 ～ 7 天，
即可用濾網過濾，約可得甜酒釀 500g，將甜酒釀的糟放入果
汁機或料理機中打碎，越細密越好。

2 加入紅葡萄釀造酒 50 cc，與甜酒釀一起打勻。

3 倒出已打均勻的酒釀泥，放入另一容器中。

4 將化妝品面膜專用的高嶺土逐匙放入容器中攪拌均勻，不一定
要全部放完高嶺土，主要看放入後與酒釀泥攪拌均勻之粘稠度
而定。

5 最後面膜的粘稠度如漿糊狀為最好，如太稀，敷臉時容易會流
到脖子或頭髮中，太乾則臉部敷不均勻。

使用方法　1. 臉部先卸妝，洗乾淨後，平均敷於臉部各處。每次敷臉 15
～ 20 分鐘，洗淨時邊搓揉按摩邊洗。

　　　　　2. 第一次敷臉排程 14 天，每天一次，每次 15 ～ 20 分鐘。14
天後每星期一次敷臉即可。

注意事項　◆ 容器、攪拌湯匙或果汁機（料理機）皆不可有水分殘餘存在。因自製面膜不放防腐劑，若有水分殘留，面膜會無法久放且面膜香氣會逐日改變。

◆ 若甜酒釀的糟太乾，也不可直接加水，只能加發酵的酒來增加水分，最好就加甜酒釀的酒汁或米酒發酵中的酒汁。只要酒精度不要超過 12 度的發酵酒汁亦可，千萬不要添加蒸餾酒。酒釀面膜含酒精度總平均不要超過 5 度為宜。酒精度高會容易產生皮膚過敏起紅疹，通常約 2 小時以上紅疹狀況才會散去。第一次使用酒釀面膜最好先用少量抹於手背，停留 5 分鐘觀察再用。

◆ 高嶺土要用化妝品級或醫藥級的產品，不要用陶瓷用的高嶺土，以免因土質的純度不夠或雜質太多而傷了皮膚。可至全台各地化工儀器材料行購買。一瓶 500g 約 100 多元。

◆ 酒釀或酒粕可用熟料釀造的酒糟取代，不要用生料釀造的酒糟或蒸餾過的酒糟。

◆ 如果是油性皮膚的，可改用糙米酒糟，效果會更好。如果皮膚容易發炎者，可將酒釀減量 50g，改加入綠豆粉或科學中藥白芨粉、白芷粉 50g，混勻。

◆ 千萬不要用紅麴酒糟來做面膜，它會有染色效果，會變成關公臉。

～～ 澱粉類、穀類酒的品質瑕疵處理 ～～

味道太甜

可能因素：

1. 糖量添加太多（台灣少數釀酒者釀造米酒時，有額外加糖的動作）。
2. 酵母菌發酵能力太差，含糖量太高。
3. 酵母營養不足。
4. 酒麴的糖化菌種與酒化菌種添加比例不協調。

解決方法

1. 降低糖添加量（其實根本不需加糖），或改以分批添加糖量（一次全部添加時造成糖濃度太高，可能會抑制酵母菌發酵能力）。

2. 改加新酵母菌再發酵：可先取出部分進行試驗，再逐步加至主發酵桶，如果含糖度過高時可用清淨水做適當稀釋，但應盡量減少影響品質。

3. 如果酒精濃度夠，也可以直接就蒸餾。

4. 若是酵母營養不足，可取出部分發酵液，添加酵母營養成分先進行測試，等確定後重新添加營養成分及活化酵母。

5 最好找到適合米類發酵的酒用菌種。

不發酵或延滯發酵

可能因素：

1. 缺少營養源。

2. 含糖度太高。

3. 含酒精太高，抑制酒用酵母菌生長及活性。

4. 發酵時溫差過大。

解決方法：

1. 酵母營養不足：可取出部分發酵液，添加酵母營養成分先進行測試，等確定後重新添加營養成分及活化酵母。

2. 含糖度太高：用水降低糖度或改以分批加水稀釋糖度（一次全部添加水時造成糖濃度太低，可能會減緩酵母菌發酵能力）。

3. 注意發酵保溫。

產生醋酸

可能因素：醋酸菌污染。

解決方法：

1. 程度輕尚可改善者：添加二氧化硫，並減少與空氣接觸之表面積（加蓋）。

2. 嚴重者無法挽救：丟棄或改變作為醋酸產品。

3. 廠房器具徹底殺菌，消滅污染源。

表面產膜

可能因素：1. 產膜酵母污染。　2. 黴菌污染。

解決方法：

1. 程度輕尚可改善者：添加二氧化硫，並減少與空氣接觸之表面積（加蓋）。

2. 嚴重者無法挽救：丟棄或改變作為醋酸產品。

3. 廠房器具徹底殺菌，消滅污染源。

氣味不佳

〈醋味〉

可能因素：醋酸菌污染。

解決方法：

1. 程度輕尚可改善者：添加二氧化硫，減少與空氣接觸之表面積（加蓋）。

2. 嚴重者無法挽救：丟棄或改變作為醋酸產品。廠房及器具徹底殺菌，消滅污染源。如果查出只是部分裝瓶的酒有問題，則可能是酒瓶及瓶蓋有污染，對酒瓶及瓶蓋應徹底殺菌。

〈酵母味〉

可能因素：可能是酵母菌自我分解所造成，也可能酵母菌體浸漬太久或酵母不適合做酒。

解決方法：盡量將沉澱物去除或更換酵母菌。

〈霉味〉

可能因素：可能是發酵桶或蓋口或容器受黴菌污染所造成，或酒麴本身帶來的霉味。

解決方法：蓋口或發酵桶、容器要充分殺菌，可以用偏亞硫酸鉀溶液

浸漬殺菌，或改用不產霉味的酒麴。

<h3 style="text-align:center">〈塑膠味〉</h3>

可能因素：可能是使用非食品級耐酸鹼的塑膠容器所造成。

解決方法：改用合格容器及用耐高溫的矽膠管接酒。

<h3 style="text-align:center">〈雜味〉</h3>

可能因素：可能在發酵室內有放置較強烈的物品或裝瓶未洗淨所致。

解決方法：將發酵室遠離此類物品（如油漆、汽油）及裝瓶時要注意清洗工作。最好改用新瓶裝米酒，舊瓶改裝藥酒用。

產生混濁現象

<h3 style="text-align:center">〈澱粉性混濁〉</h3>

可能因素：原因為原料中的澱粉含量高，加熱抽出時易造成澱粉性混濁。可取部分酒液進行點呈色試驗予以證實。

解決方法：可添加澱粉酵素予以分解，或添加膨潤土、明膠等澄清處理後過濾。

<h3 style="text-align:center">〈乳酸菌混濁〉</h3>

可能因素：如果為蘋果酸──乳酸發酵所造成。

解決方法：可在發酵後加二氧化硫，約 10 天後過濾去除沉澱菌體（發生在水果酒的機會較多）。

<h3 style="text-align:center">〈呈色性混濁〉</h3>

可能因素：可能由銅、鐵離子所造成，加少數檸檬酸可使其溶解。

解決方法：避免使用此等金屬器具。

<h3 style="text-align:center">〈蒸餾時用火過猛〉</h3>

可能因素：產生水酒氣無法分離，溫度變化過大，也會產生混濁現象。

解決方法：大火用於煮熟酒醪，用中小火做蒸餾。

〈斷酒尾過慢〉

可能因素：每種蒸餾設備不同，斷酒尾的酒精度判斷也不同，太慢斷酒尾就會產生出酒混濁。

解決方法：出酒後做測試，在酒精度 40 度或 35 度時即更換裝酒容器，一般設備蒸餾出酒在 40 ～ 30 度酒精度時，會開始變濁。

產生出酒尾酸

可能因素：

1. 出酒後試喝會有酒中帶尾酸，有可能發酵溫度過高。

2. 或發酵時間過長。

3. 也有可能發酵期間管理不善，被醋酸菌輕微污染。

解決方法：

1. 為注意發酵溫度，發酵時間（若連續 24 小時測試殘糖量都一樣時，即可蒸餾，若繼續等待變酸的機會會很多）。

2. 發酵室的清潔衛生及發酵容器的清潔要徹底。

酒醪表面長菌絲

可能因素：

1. 若酒麴佈菌後，在加水之前二、三天的固態發酵狀態時所產生。

2. 若產生菌絲為青綠色可能是青黴菌污染。

解決方法：

1. 其菌絲的顏色應為白色、灰色或黑色，此現象沒關係，只要按時加水攪拌即會解決。

2. 若產生菌絲為青綠色，要丟棄不用。

Chapter 10

水果類、糖類原料釀造酒

水果酒的釀造本來可以很簡單，利用水果表皮的天然酵母菌及水果本身自然的甜度就可以釀造出來，可惜人為天然環境的破壞，農藥噴灑的太多，使水果表皮原本存在很多好的釀酒酵母菌也被破壞，若要完全以自然環境的酵母菌來發酵，機會已經不多，再加上水果的種類繁多，基本上只要可以食用的都可以釀製水果酒，只是釀製出來的風味、口感是否可以被大眾接受而已。因此，只要學習正確的基本水果酒的釀製方法，隨時可針對季節性生產的水果，以單一品種或多品種複合水果原料，釀製出千百種水果酒。

水果釀造酒的認識

所謂水果釀造酒是指以果實為原料，經一定的加工作業處理後，取得其果汁、果肉或果皮，再經過微生物發酵過程，或採以食用酒精浸泡所發酵釀造而成的一種飲料產品。其酒精含量應在 0.5%（20 攝氏度）以上。在台灣水果酒中，採純釀造方法的水果酒於發酵完成時，其產出的酒精濃度含量大約在 8 ～ 15 度之間，有些經過濾後即裝瓶銷售，有些再經蒸餾成 20 ～ 65 度的水果蒸餾酒或水果再製酒，有少部分甚至再加工浸泡於橡木桶中成為白蘭地酒。

水果酒的種類

水果的產區一般分布於溫帶或溫熱帶為主，而熱帶地區的水果，其果肉成分中的糖度、酸度含量高，且富含濃郁的果香等特殊性，所以稱為熱帶水果。世界水果的種類繁多，生長特性以及產地之生長環境差異極大，產期一般以夏、秋之際為最多。有些水果適宜鮮食，有些則適宜製成其他

水果加工製品。水果種類對釀酒的品質有相當的影響，故品種的挑選非常重要。大致上可將釀酒的水果歸為以下三類：

漿果類

果肉水分含量高者，果肉柔軟，如：葡萄、草莓、奇異果。

核果類

果肉中有堅硬的果核，果肉稍硬，如：蘋果、水蜜桃、梅、荔枝、李子、櫻桃。

其他類

上述兩類之外的水果，如：檸檬、柑橘、鳳梨、香蕉、甘蔗、楊桃、百香果。

水果酒的基本成分

一般水果酒的基本成分可分為：

· **醇類**：酒精、高級醇類和多元醇。

· **糖類**：發酵殘糖、添加糖、果糖、多元糖。

· **有機酸**：檸檬酸、蘋果酸、酒石酸、琥珀酸、醋酸、乳酸。

· **總酚類**：單寧、酚酸、酚醛、類黃酮、花青素。

· **含氮類**：蛋白質和胺基酸、胜肽類。

· **無機鹽類**：鉀、鎂、鈣、鈉。

· **維生素**：V-B$_1$、V-B$_2$、V-B$_6$、V-B$_{12}$、V-P、泛酸。

· **揮發性成分**：醛類、酯類、碳基化合物、占烯類。

水果酒類釀製的基本處理原則

· 先將原料篩選去雜、去梗、去蒂及洗淨後，擦乾或讓水分滴乾、晾乾（直接用低度酒精或米酒洗淨亦可）。

· 果粒較小者，如梅子、葡萄、金桔等，不必切片或切塊，直接使用。果粒較大者，如蘋果、檸檬、柳橙等，切薄片或切塊，以增加釀酒接觸面積。

· 去籽（核仁）或不去籽皆可，沒去籽的水果釀造後，有時候時間一長會產生杏仁味或微苦味，所以視個人口味而定。

· 水果放入瓶缸容器內（再加入糖或先將糖溶解變成糖水再加入），調好糖度後，最後才放入活化的酵母菌。

· 釀造用的器材或原料要防止有生水殘留，才不容易變質變味或污染。

· 若要保持釀造水果表面的顏色，發酵過程可以每日攪拌翻動。

· 若在發酵缸中直接放入砂糖補糖，偶而攪拌或搖動，可使糖加速溶化。

· 釀造期間，放置於陰涼處。日曬會影響發酵。釀造的第一週最好每天攪拌一次，以加速互溶。

· 水果酵母菌最好都先活化處理，若是用液體酵母菌，請先確認是否是活菌。

· 釀酒時，如果水果先破碎或榨汁，發酵完成的速度會較快，但釀出的香氣不一定會最好。

· 如果是家庭式自釀，用水果、糖、酵母菌就好，不一定要加二氧化硫類等添加物去改善發酵品質。

台灣水果甜度基準

我們用水果釀酒，普遍與糖度與香氣有關，所以釀酒之前要對各種水果的糖度有些概念與常識，最好自備一支糖度計，隨時可驗證自己對糖度的判定。以下收集到台灣品牌等級的水果甜度基準，請自行參考。水果的糖度仍以當時實測為準，若沒有糖度計時才參考下列數據：

- 梨——包含世紀梨、豐水梨、幸水梨、新興梨，甜度 11 度以上。
- 甜柿——富有品種，甜度 18 度以上。
- 葡萄柚——甜度 8 度以上。
- 荔枝——玉荷包、沙坑小核，甜度 17 度以上。糯米枝，甜度 18 度以上。
- 桶柑——甜度 11 度以上。
- 椪柑——甜度 11 度以上。
- 鳳梨——甘蔗鳳梨（台農 13 號，甜度 15 度以上）。蘋果鳳梨（台農 6 號，甜度 14 度以上）。金鑽鳳梨（一號仔，甜度 13 度以上）。甜蜜蜜鳳梨（台農 16 號，甜度 16 度以上）。
- 葡萄（巨峰）——夏季果，甜度 17 度以上。冬季果，甜度 18 度以上。
- 番石榴——珍珠芭樂、夏季果，甜度 10 度以上。秋季果，甜度 12 度以上。
- 水晶芭樂——甜度 12 度以上。
- 芒果——愛文芒果，甜度 13 度以上。金煌芒果，甜度 15 度以上。

台灣傳統的阿嬤水果酒

早期很多釀酒者都是家庭主婦、年長的、兼差的，對釀酒知識是一知半解，甚至大部分都是生活技能複製型的實踐者，所有的方法都是依靠街坊鄰居和親戚朋友口耳相傳，有能力的人就不斷的修正失敗的經驗，所以早期失敗率很高或作品的完美率很低，這也是無法普及的重要原因。

台灣傳統流傳的阿嬤水果酒釀酒法：它的釀造口訣是黃金定律：「一層水果一層糖，1 斤水果 4 兩糖」。

雖然只是短短的十四個字，它已包含科學的釀酒要領在裡面，只是很多人只把它當作順口溜，沒有深入去了解它箇中的含意。此種製法以現代科學的眼光來看，符合釀酒原理，因為鋪一層水果再鋪一層糖，再鋪一層水果再鋪一層糖，最上面一層一定是鋪糖。分層的糖會比單層全部的糖要溶解得均勻，分層次鋪糖也會比一堆的糖溶解得較快。雖沒外加酵母菌，但以前很少用農藥或生長激素，故直接用水果表面殘存的天然酵母菌即可釀出水果酒。

而為甚麼 1 斤水果要添加 4 兩糖呢？其原因是當初在釀水果酒時，水果清洗後基本上沒破碎，水果內所保有的糖度沒有立即被釋放出來，等於發酵初期，發酵缸內的水果糖度等於零，而水果酒適合的發酵糖度以 25 度為原則，故在單位上 1 斤是 16 兩，而 4 兩則是 1 斤的四分之一，若 1 斤糖度是 100 度，四分之一的分量則是 25 度，這糖度適合初期發酵用。之所以後來常會被詬病說阿嬤釀的酒都太甜，原因出在發酵條件不好，造成發酵不完全，殘糖就會太多，發酵中的糖度無法轉成酒精。不過傳統方法釀水果酒的最大好處是只有補糖而已，甚至沒額外加水，更沒有像國外一樣加其他如二氧化硫或抑菌劑，所以台灣早期的水果酒都有偏甜而酒精度偏低的普遍現象，但濃純好喝有口碑。

～ 改良式的阿嬤水果酒 ～

後來在很多的推廣釀酒活動中，為了讓喜歡參與釀酒的學員能更順手的釀水果酒，我就用傳承的心態套用阿嬤的口訣，再結合現代的釀酒理論去改進口訣，經試驗效果很好。

> "我的改良式口訣是：「1 斤水果，2 兩糖；一層水果，一層糖。」2 兩糖等於 12.5 度糖，再加上一般水果本身的糖度 10 ～ 12 度左右，符合釀酒糖度設計原則在 25 度，以 1 斤水果 2 兩糖做基準，如果水果不夠甜，糖度不到 10 度就改加 2.5 兩，如果太甜時，可以改成只加 1.5 兩糖。此種模式可直接心算，不必麻煩計算。而且發酵時糖度不會過高，發酵速度變快，發酵容易完全，可朝無糖殘留的水果酒模式進行。也節省釀酒成本，也符合國際釀酒的需求。"

另外，考慮到現在住家的工作場所不夠，如果直接用各式現成處理好的濃縮果汁來釀酒會更方便，因為釀酒的水果前處理已全部完成，對場地的需求、設備的投資皆可節省非常多。台灣的濃縮果汁，除台中的佳美公司外，都是貿易商從各國進口，要特別注意到果汁的風味，別因風味而弄巧成拙。

台灣傳統阿嬤白葡萄酒釀製法

成品份量　600cc

製作所需時間　1～3 個月

材料　·金香葡萄 1 公斤（1000g）
　　　　（去梗後的重量）或其他
　　　　葡萄

　　　·砂糖 60g

工具　1800cc 發酵罐 1 個

　　　封口布 1 片

　　　塑膠袋 1 個

　　　橡皮筋 1 條

步驟

1 將去梗、去蒂、去壞果後的金香葡萄輕輕沖洗（或不必清洗以免破壞附著於葡萄表面的野生酵母），放置備用。

2 將金香葡萄放入酒缸時，一層葡萄就撒一層砂糖，最後最上層撒一層砂糖。

3 將葡萄和砂糖撒勻後放入發酵用酒缸（或櫻桃罐）中，用塑膠布蓋好罐口，外用橡皮筋套緊，約半年開封過濾澄清即可飲用。（其實3個月即可喝，但釀久一點果汁出汁會較完全，風味會更好）

利用濃縮果汁的釀造酒流程

濃縮的水果汁（要特別注意看它的糖度，大約都在 66 ～ 68 度）→拌勻入發酵缸→調發酵糖度（加水去稀釋濃縮汁至發酵糖度 23 ～ 25 度）→加入活化後的水果酵母菌→先採好氧發酵→再採密封發酵→發酵終止→過濾澄清→裝瓶滅菌→包裝。

認識酵母菌及酵母菌的活化

水果酒釀造時，添加水果酵母菌的方法有兩種，大廠一般都用液體酵母菌去接菌或擴大培養。而一般小廠或家庭式，就直接買現成乾燥的水果酵母菌來進行活化再使用，既方便又安全。酵母菌菌種被活化後，只要有營養源就可以不斷的被擴大培養，發揮發酵力。

〈水果用活性乾酵母菌用於酒類的活化方法〉

1. 釀酒使用前，一定需要按添加量先行活化乾的活性酵母菌。

2. 一般添加使用量為原料的萬分之五，即每 1 公斤水果或 1 公升水果汁，添加量用 0.5 公克的活性酵母菌。

〈水果用活性酵母菌活化操作方法如下範例〉

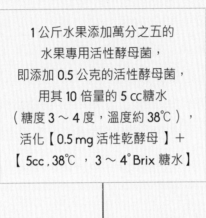

1 公斤水果添加萬分之五的
水果專用活性酵母菌，
即添加 0.5 公克的活性酵母菌，
用其 10 倍量的 5 cc 糖水
（糖度 3～4 度，溫度約 38℃），
活化【0.5 mg 活性乾酵母】＋
【5cc , 38℃ , 3～4°Brix 糖水】

將定量好的活性酵母菌及糖水攪拌至活性乾酵母完全溶解並靜置 20～30 分鐘。

發酵用的空桶，先滅菌冷卻後，裝入經壓榨後之果汁，並測其水果的原始含糖度，不足之糖度需用糖水補足。

加入先前已溶解定量好之糖水溶液，要攪拌均勻。

調整發酵桶之發酵液其糖度至 16～18 度，或至 25 度，然後加入已活化好之酵母菌液，開始發酵。

二氧化硫的說明

在釀水果酒時，國外通常只要釀水果酒就會添加二氧化硫類的添加物，以抑制雜菌，先培養出良好的發酵環境。即使是 DIY 家庭釀酒，也會加入錠劑的二氧化硫或偏亞硫酸鉀。在台灣，通常在合法酒廠或是生產量比較大的私釀酒廠，為擔心損失才會添加，這些添加只要不超量，符合法規都是政府所允許的。如果是家庭釀酒，則不建議添加，一樣可以釀出酒，風味更純正。如果需要添加，務必要遵守法令規範絕對不要超量。為讓讀者更了解二氧化硫，以下的資訊說明請參考，它是包含於食品界的範疇。

二氧化硫在食品加工中是常見的添加劑，早期資訊較不發達，對使用量的認識不太注意，常超標使用，現在消費者拒絕添加劑使用的意識抬頭，使用者一定要符合法令。我個人主張家庭式釀酒的消費者不需要用它，酒的回收率少一些或差一些又有甚麼損失？健康最重要。

下面就二氧化硫及其衍生的產品作介紹，希望對讀者有用。

〈亞硫酸鹽〉

為使用多年之合法食品添加物，亞硫酸鹽具有殺菌功效及強還原力，可將食品的著色物還原漂白，並可抑制氧化作用，防止酵素與非酵素褐變反應，是非常有效的酵素抑制劑、漂白劑、抗氧化劑、還原劑及防腐劑。食品中所添加之亞硫酸鹽會產生二氧化硫，二氧化硫及其衍生物不但會對人的呼吸系統產生傷害，甚至對生殖系統也會產生危害。

〈亞硫酸鉀（Potassium Sulfite）〉

· 本品可使用於金針乾製品；用量以 SO_2 殘留量計為 4.0g/kg 以下。

· 本品可用於杏乾；用量以 SO_2 殘留量計為 2.0g/kg 以下。

· 本品可使用於白葡萄乾；用量以 SO_2 殘留量計為 1.5g/kg 以下。

· 本品可使用於動物膠、脫水蔬菜及其他脫水水果；用量以 SO_2 殘留量計為 0.50g/kg 以下。

· 本品可使用於糖蜜及糖飴；用量以 SO_2 殘留量計為 0.30g/kg 以下。

· 本品可於水果酒類之製造時使用；用量以 SO_2 殘留量計為 0.25g/kg 以下。

· 本品可使用於食用樹薯澱粉；用量以 SO_2 殘留量計為 0.15g/kg 以下。

· 本品可使用於糖漬果實類、蝦類及貝類；用量以 SO_2 殘留量計為 0.10 g/kg 以下。

· 本品可使用於上述食品以外之其他加工食品；用量以 SO_2 殘留量計為 0.030g/kg 以下。但飲料（不包括果汁）、麵粉及其製品（不包括烘焙食品）不得使用。

〈亞硫酸鈉（Sodium Sulfite）〉

· 本品可使用於金針乾製品；用量以 SO_2 殘留量計為 4.0g/kg 以下。

· 本品可用於杏乾；用量以 SO_2 殘留量計為 2.0g/kg 以下。

· 本品可使用於白葡萄乾；用量以 SO_2 殘留量計為 1.5g/kg 以下。

· 本品可使用於動物膠、脫水蔬菜及其他脫水水果；用量以 SO_2 殘留量計為 0.50g/kg 以下。

· 本品可使用於糖蜜及糖飴；用量以 SO_2 殘留量計為 0.30g/kg 以下。

· 本品可於水果酒類之製造時使用；用量以 SO_2 殘留量計為 0.25g/kg 以下。

· 本品可使用於食用樹薯澱粉；用量以 SO_2 殘留量計為 0.15 g/kg 以下。

· 本品可使用於糖漬果實類、蝦類及貝類；用量以 SO_2 殘留量計為 0.10 g/

kg 以下。

· 本品可使用於上述食品以外之其他加工食品；用量以 SO_2 殘留量計為 0.030g/kg 以下。但飲料（不包括果汁）、麵粉及其製品（不包括烘焙食品）不得使用。

〈亞硫酸鈉（無水）Sodium Sulfite（Anhydrous）〉

· 本品可使用於金針乾製品；用量以 SO_2 殘留量計為 4.0g/kg 以下。

· 本品可用於杏乾；用量以 SO_2 殘留量計為 2.0g/kg 以下。

· 本品可使用於白葡萄乾；用量以 SO_2 殘留量計為 1.5g/kg 以下。

· 本品可使用於動物膠、脫水蔬菜及其他脫水水果；用量以 SO_2 殘留量計為 0.50g/kg 以下。

· 本品可使用於糖蜜及糖飴；用量以 SO_2 殘留量計為 0.30g/kg 以下。

· 本品可於水果酒類之製造時使用；用量以 SO_2 殘留量計為 0.25g/kg 以下。

· 本品可使用於食用樹薯澱粉；用量以 SO_2 殘留量計為 0.15g/kg 以下。

· 本品可使用於糖漬果實類、蝦類及貝類；用量以 SO_2 殘留量計為 0.10g/kg 以下。

· 本品可使用於上述食品以外之其他加工食品；用量以 SO_2 殘留量計為 0.030g/kg 以下。但飲料（不包括果汁）、麵粉及其製品（不包括烘焙食品）不得使用。

〈亞硫酸氫鈉（Sodium Bisulfite）〉

· 本品可使用於金針乾製品；用量以 SO_2 殘留量計為 4.0g/kg 以下。

· 本品可用於杏乾；用量以 SO_2 殘留量計為 2.0g/kg 以下。

· 本品可使用於白葡萄乾；用量以 SO_2 殘留量計為 1.5g/kg 以下。

· 本品可使用於動物膠、脫水蔬菜及其他脫水水果；用量以 SO_2 殘留量計

為 0.50g/kg 以下。

· 本品可使用於糖蜜及糖飴;用量以 SO_2 殘留量計為 0.30g/kg 以下。

· 本品可於水果酒類之製造時使用;用量以 SO_2 殘留量計為 0.25g/kg 以下。

· 本品可使用於食用樹薯澱粉;用量以 SO_2 殘留量計為 0.15g/kg 以下。

· 本品可使用於糖漬果實類、蝦類及貝類;用量以 SO_2 殘留量計為 0.10g/kg 以下。

· 本品可使用於上述食品以外之其他加工食品;用量以 SO_2 殘留量計為 0.030g/kg 以下。但飲料(不包括果汁)、麵粉及其製品(不包括烘焙食品)不得使用。

水果酒的科學釀造法(以鮮果釀葡萄酒為例)

在台灣早期,除了公賣局所屬的酒廠之外,還有很多專業人才釀出具有國際級水準的水果酒,民間釀的水果酒雖然都是真材實料,但因技術傳承困難,普遍比較隨意粗獷,偶爾有佳作,因為民間並沒有太多的專家可以輔導釀酒。不過自從開放民間可設酒廠後,再加上網路的發達,各大專院校也不斷投入研究,開課教授水果酒釀製。突然在全台各地出現不少新口味的高級水果酒,也脫離早期水果酒偏甜的口感,轉為低糖、無糖的水果酒。再加上釀酒設備的改進,釀酒技術的改良,發酵控制藥物的幫助,台灣的水果酒也開始在國際水果酒比賽中得獎。下面介紹的釀製做法就是一般較專業的釀酒模式,供讀者參考模仿。

〈環境設備器材的清潔衛生〉

· 可用熱水進行表面消毒。

· 可用次氯酸鈉溶液(即家用漂白水)進行消毒。

- 可用亞硫酸鹽及檸檬酸消毒：一般酒廠通常以偏亞硫酸鉀溶液取代，通常每公升水加 1.5 公克偏亞硫酸鉀，如果同時加入 3 公克檸檬酸則其消毒能力與次氯酸鈉相似，且對橡木桶、橡木塞、過濾膜及塑膠或不鏽鋼表面不會造成傷害。
- 可用食品常用的食用級專用消毒水消毒。
- 可用酒精消毒滅菌：酒精最有效的殺滅微生物的濃度是 75 度，以市售的 95 度藥用酒精或食用酒精 75 cc，加蒸餾水或純水 20 cc 之比例配製而成。
- 最後都應該用乾淨水沖洗設備及容器以去除任何殘留的清潔劑。

〈原料處理〉

- **清洗**：用高單位的偏亞硫酸鉀（$K_2S_2O_5$）液（400 ～ 600ppm 皆可），將整籃的葡萄置入浸泡約 3 ～ 5 分鐘，再清洗挑除壞果後取出瀝乾水分。
- **去梗**：葡萄串用去梗機或手工處理皆可，主要去除果梗，至少去梗 90％以上。
- **攪拌、破碎**：攪拌達到碎果目的，以攪拌器絞碎已去梗的果粒，以獲取更多的自流汁。
- **榨汁**：將已脫串的果粒用榨汁機壓榨成果汁，或用打漿機將果渣及果汁分離。通常每 1.8 公斤葡萄粗略估計可獲得 1 公斤的果汁量。
- **粗濾**：用 200 目的濾網濾除果渣及雜質。
- **添加果膠分解酵素**：使用適量的果膠分解酵素把果膠與果汁分離（大部分是在白葡萄酒釀造時使用）。每公斤葡萄添加 0.3 毫升左右的果膠酵素。最好先用少量葡萄汁混均勻，再倒入大桶混勻。
- **酸度及酸鹼值測定**：用滴定法測定果汁的酸度及酸鹼質，一般金香白葡萄酸度為 1.0 以上，黑后葡萄酸度在 1.1 以上，標準酸在 0.8 以上。原料酸度不夠，則要加酒石酸使它達到應有的酸度，若太酸要添加碳酸鈣使

它降到應有的酸度。

- 調酸所需的碳酸鈣公式如下：

（果汁的酸度－欲調酸度）×10×0.666× 果汁重量（kg）
＝所需碳酸鈣量（g）

調酸時，最好先調一半的碳酸鈣，一面攪拌一面加入果汁，因很容易
起泡，小心攪拌再加入另一半，直至碳酸鈣完全溶解為止。

- **糖度測定**：可用比重計或折光計檢測果汁糖分，葡萄發酵糖度在 19 ～ 23
  度最好，糖度在 25 度以上發酵就比較不好，糖度不夠可藉由添加足量的
  糖來修正。

- 補糖所需糖量公式如下：

果汁重量（kg）×（欲配之糖度－果汁的糖度）÷100
＝所需補糖量（kg）

〈發酵前管理〉

- **入桶**：將果汁或果粒倒入開口式的發酵桶中，若有加溫萃取過則需靜置降溫。
- **調整酸度及酸鹼值**：用酒石酸調整酸度在 0.8 滴定酸（值越高越酸）以上，
  酸鹼值在 4 以下。
- **調整糖度**：用糖度計再次測定糖度，並以砂糖補足糖分至 23 度。實務上
  台灣也有許多人添加特白砂糖，香味較純。
- **抗氧化劑添加**：添加二氧化硫（SO_2）或偏亞硫酸甲 50 ～ 120ppm 之間
  的水準。通常添加 100ppm，這些添加都要視葡萄的條件而定，發霉的葡

萄需要最高濃量。

· **活化專用酵母菌**：酵母菌的選擇很重要，會影響水果的最終風味及發酵情況。一般依照果汁量準備萬分之五的專用活性酵母菌，再依活化方法，加溫水拌勻靜置 15 ～ 30 分鐘使其活化再使用。

· **接種**：將活化好的酵母菌加入果汁中並攪拌均勻。

· **添加酵母營養物**：若需添加酵母添加物時，原則每公斤葡萄添加 0.7 公克左右。

· **安裝發酵栓或水封**：可有效減少污染，栓內液體最好添加標準的偏亞硫酸鉀液體。

· **溫度管理**：買酵母菌時就要弄明白一般發酵的最適溫度，有低溫型（降酸型在攝氏 12 ～ 15℃ 發酵效果最佳）、中溫型（16 ～ 24℃）、高溫型（25 ～ 35℃）。

〈發酵中管理〉

· **開耙踩皮**：將浮在桶中上層的果皮踩入或壓入桶底。。

· **淋汁**：也可運用泵浦吸取桶子底部的果汁淋在果皮上，但要注意必須防止氧化。

· **攪拌**：如果採密封式發酵就必須攪拌處理，葡萄汁應該一天攪動兩次，直到發酵終止。一開始發酵時，將出現很明顯的情形，也就是葡萄皮會

浮到液面形成固體層（又稱酒帽），一旦形成酒帽，應該每天將其推回發酵果汁中兩次，直到準備壓榨為止。

· **發酵時間**：初次發酵：第 1～6 天。第二發酵：第 7～21 天。

　大桶熟成：第 22～112 天（約 3 個月）。成熟：第 113～142 天（約 1 個月）。

〈乳酸發酵〉

· **添加時間**：一般是在發酵完成後經榨汁過濾裝入橡木桶才進行乳酸發酵的工作，而白葡萄酒則可在發酵槽內直接進行。

· **添加量**：若商業用的乳酸桿菌添加量以 1.5ppm 為原則，使用前仍必須活化，而且最好加些果汁或酒醪活化。

· **發酵溫度管理**：乳酸發酵的最適溫為攝氏 12～15℃，低於 10 度不會發酵。

· **發酵時間**：通常約需 30 天，乳酸發酵時間需視溫度及蘋果酸的含量而定。

〈熟成〉

· **橡木桶管理**：乳酸發酵完成後，紅葡萄酒可在橡木桶內直接進行熟成及陳釀工作，而白葡萄酒則需進行換桶及攪桶工作。在台灣約 4～5 個月，橡木桶熟陳即可，不可熟陳太久。

· **換桶**：藉由換桶去除沉澱的雜質及死亡的酵母菌。如熟陳 4 個月，第一個月即需換桶。換桶時常再添加 20ppm 的二氧化硫（SO_2）。

· **攪動桶**：適當的攪桶可增加酒質的香氣，有時會產生特別的風味。

〈澄清〉

· 當發酵結束，不再有氣泡通過發酵栓時，即可換桶分離沉澱，進行酒液澄清處理。

· **使用澄清劑原料**：使用蛋清或皂土。若果膠型的紅葡萄酒可以用蛋清進行澄清工作，225 公斤的原料大約用 4 個蛋白，澄清 7 日即可。而澄清型的紅、白葡萄酒不可以用蛋清進行澄清工作。白葡萄酒使用皂土最適

合。一般澄清後需放置 1 個月左右。

〈勾兌〉

· 最好使用天然的材料來修飾酒質及口感，若不夠甜，可加糖漿（一份水加兩份糖，煮熟溶解）或加果糖來調整糖度。

· 在國外另有每公升加入 0.6 公克的安定劑（己二稀酸鉀）以殺滅剩餘酵母。（又稱防腐劑）

· 裝瓶時二氧化硫的殘留量控制在 30 ～ 35ppm。

· 裝瓶 2 個月後即可飲用。

〈裝瓶〉

記得一定要先洗瓶清潔或滅菌，瓶蓋也要滅菌（鋁蓋可以一起煮，而塑膠蓋要用食用酒精浸泡滅菌）。

台灣民間黑后葡萄酒釀造實務

台灣的釀酒使用的葡萄品種大約分兩種，釀紅葡萄酒用黑后葡萄及釀白葡萄酒用金香葡萄。葡萄的產區在中部的台中縣后里。外埔與彰化縣的二林最多，早期因國營公賣局與葡萄農契作保證收購葡萄，幾乎家家戶戶都種，後來開放民間釀酒後，公賣局已不再執行保證收購政策，造成台灣中南部設置最多農村酒莊的縣市，不得已自己生產自己釀，讓祖先留下的葡萄園不荒廢。但由於釀造技術的不成熟，酒莊的釀酒品質落差相當大。

下面介紹在台中縣外埔鄉種黑后葡萄 5 甲地的釀酒朋友，20 幾年來從契作生產葡萄到自己開酒莊釀紅葡萄酒的實務做法：

1. **清洗葡萄及釀酒器具**：將裝有新鮮葡萄的每個塑膠籃排於地下，第二列

起斜靠於第一列以方便瀝水滴乾。用水龍頭沖洗新鮮葡萄並瀝乾。發酵桶及其他工具也要一併清潔晾乾。

2. **除梗碎果**：用除梗機將梗與果分離，如果沒有除梗機或葡萄量太少，就用手將葡萄與梗分離，順便將壞果去除。用手將果肉捏碎出汁，或用破碎機、攪拌機將果肉絞碎出汁。發酵桶不可放滿，每桶要保留至少 20％ 的空間以防止發酵時溢出。（早期是用改良的震動篩稻穀的設備去梗，後來直接改用義大利進口的除梗機，既可去梗，也可以榨汁、脫外皮，較方便。）

3. **添加二氧化硫**：添加量為 50ppm，攪拌均勻，（也可以不要加，最好不加）

4. **測糖度**：將攪拌碎的葡萄汁用糖度計測糖度，不足糖度需用特砂糖補糖至 20 ～ 25°Brix，以 23 度為最好。特砂依比例換算，將糖直接加入要發酵的葡萄汁中，用攪拌器攪均勻溶解。

5. **水果專用酵母菌活化**：將活性水果專用乾酵母加入 10 倍 35 ～ 38℃的溫開水，並同時加入微量蔗糖（約 2％），一起充分攪拌，靜置 20 ～ 30 分鐘，等發酵泡沫升起，即可加入果醪中。

6. **發酵前**：將桶口用乾淨的布或透明的塑膠布蓋上，前期採好氧發酵（不要完全密閉）。

7. **發酵期**：每天攪拌或搖動約 3 ～ 5 次，大約持續 10 天，發酵即可終止。

8. **粗過濾（轉桶）**：將發酵中的葡萄酒與渣分離，粗過濾的葡萄酒改抽放於新桶再發酵，而剩下的葡萄渣，可再加入已調好的同等容量糖度 23 度糖水，繼續發酵，可另外再補充加入水果酵母菌，或不需要加也可以（原葡萄只發酵 10 天，葡萄渣內的酵母菌仍存在很多還夠用，尚未完全死亡，但最好另添加新的酵母菌）。

9. **第二次轉桶**：第一次粗過濾轉桶的葡萄酒，轉桶後再靜置 4 ～ 7 天（以 7 天為佳），再抽出桶中的上層澄清酒液。（最好用虹吸原理抽出上清

液）（此步驟有時重複好幾次，直到葡萄酒液澄清）。

10.**熟成**：澄清酒液抽出後，約需再熟成 2～3 月即可完成本次葡萄酒的釀造。

11.**勾兌**：可用果糖或濃縮糖漿來調整糖度，調整後即可裝瓶（葡萄美酒適
飲酒溫約 20℃）。

　　早期他們開始釀葡萄酒是用阿嬤的釀酒方法，紅葡萄酒裡沒外加半滴
水，釀出又香又濃又甜的葡萄酒，每次成品的甜度大概有 22 度，加冰塊
混勻超好喝。後來參加農委會舉辦的釀酒技術培訓，接受新知加入新的釀
酒方法後，改而添加水果酵母菌以充分發揮功效，以及加入二氧化硫類的
添加劑以抑制雜菌產生，使得葡萄酒發酵較完全而且沒有雜味，再加上採
取轉桶澄清技術，葡萄酒酒精發酵較完全，酒精度較高，葡萄酒的酒液變
的非常澄清，酒中的糖度也降至 16 度，非常順口好喝。早期的葡萄農沒
有恆溫的發酵區的概念，後來發酵區才加裝冷氣控溫，普遍發現葡萄酒品
質效果很好，可惜整日電費太貴，所以一般在夏季釀酒的時候才會動用空
調，冬季釀酒普遍利用自然天氣發酵。

〈**新鮮水果類的釀造流程**〉（有使用偏亞硫酸鉀及果膠分解酵素，供參考）

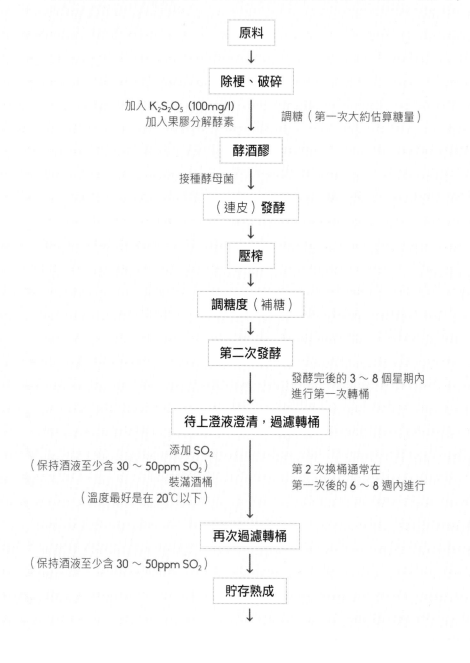

原料

↓

除梗、破碎

加入 $K_2S_2O_5$（100mg/l）　↓　調糖（第一次大約估算糖量）
加入果膠分解酵素

酵酒醪

接種酵母菌　↓

（連皮）**發酵**

↓

壓榨

↓

調糖度（補糖）

↓

第二次發酵

發酵完後的 3 ～ 8 個星期內
進行第一次轉桶

↓

待上澄液澄清，過濾轉桶

添加 SO_2
（保持酒液至少含 30 ～ 50ppm SO_2）　　第 2 次換桶通常在
裝滿酒桶　　　　　　　　　　　　第一次後的 6 ～ 8 週內進行
（溫度最好是在 20℃以下）

↓

再次過濾轉桶

（保持酒液至少含 30 ～ 50ppm SO_2）　↓

貯存熟成

↓

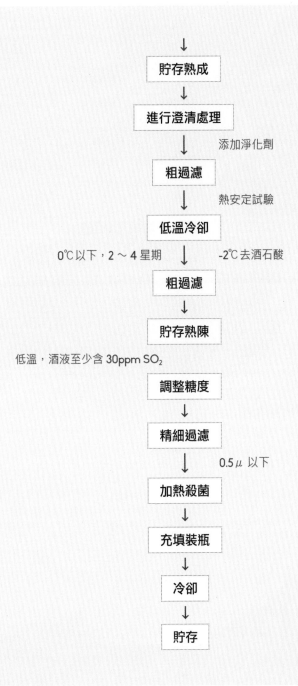

↓

貯存熟成

↓

進行澄清處理

↓ 添加淨化劑

粗過濾

↓ 熱安定試驗

低溫冷卻

0℃以下，2～4星期 ↓ -2℃去酒石酸

粗過濾

↓

貯存熟陳

低溫，酒液至少含 30ppm SO₂

調整糖度

↓

精細過濾

↓ 0.5μ 以下

加熱殺菌

↓

充填裝瓶

↓

冷卻

↓

貯存

紅葡萄酒

　　釀製紅葡萄酒的葡萄品種非常多，在台灣是以台中、彰化兩縣市生產的黑后葡萄為釀紅葡萄酒的唯一選擇。讀者認知的巨峰葡萄或蜜紅葡萄，其實是鮮食葡萄，並不適合拿來釀酒，但如果因方便取得或用果農理果下來的葡萄來釀酒也是可以，只是香氣、風味或色澤與認知的味道不同。

🍷 紅葡萄酒的釀製法

成品份量　600cc

製作所需時間　1～3個月

材料　·黑后葡萄1公斤（1000 g）
　　　（去梗後的重量）（或
　　　使用其他種類的葡萄）

　　·砂糖 65g

　　·水果酵母菌 0.5g

工具　發酵罐（1800 cc）1個

　　　封口布1個

　　　塑膠袋1個

　　　橡皮筋1條

步驟

1 將去梗、去蒂、去壞果後的黑后葡萄洗淨，晾乾後備用。

2 取 0.5g 酵母菌，先活化。活化的方法請參照酵母菌的活化處理。

3 將已晾乾的葡萄放入發酵罐中，用手捏碎出汁。

4 取一滴葡萄汁用糖度折光計測糖度，25度減葡萄汁糖度即為須補糖糖度，若沒糖度計就大概用材料所列的砂糖量，應該誤差不大。

5 調好發酵糖度後，加入已活化好的酵母菌，與葡萄汁攪拌均勻即可。

6 用封口布先做好氧發酵1天，讓加入的酵母菌能大量增殖，第二天開始才做厭氧發酵，罐口用塑膠袋密封，讓酵母菌開始工作，將糖轉化成酒精。

7 若條件都對，約1
星期就可發酵完成，
若仍繼續發酵就再
等1星期，不要急
著先過濾轉桶，等
發酵完成沒有氣泡，
液體有些澄清才做
過濾轉桶。

8 轉桶後，讓它繼續發
酵熟成1～3個月，
即可用虹吸方法將上
層澄清葡萄酒液取出
裝瓶，再以70℃、
歷時1小時的隔水滅
菌方法滅菌，讓葡萄
酒不再發酵，味道不
再變化，最後封蓋鎖
蓋。

〈 注意事項 〉

◆ 若經濟條件許可，
發酵葡萄酒或任何
水果釀酒，最好用
水封（發酵罐）封
罐口，效果比用封
口布好，也大量減
少污染。好氧發酵
時，水封內不加水，
空氣仍可自由進
出。厭氧發酵時，
水封內再加適量的
水阻隔外面空氣進
入，同時發酵罐裡
面的空氣會因為壓
力會被強迫排出。

白葡萄酒

　　用來釀製白葡萄酒的葡萄品種比較少，在台灣是以金香葡萄為最佳選擇，甜度夠，大約 16 度，香氣幽雅。在后里外埔一帶較多，市場上較少販賣。一般都是取綠色皮的葡萄來釀，如果是其他顏色的葡萄，要先去葡萄皮，只用果肉汁來釀成白葡萄酒。台灣金香葡萄的甜度與香氣都相當不錯，但不是綠色的葡萄就是金香葡萄，買的時候要問清楚。用自家庭院種的酸葡萄或果農理果下來的青澀葡萄來釀酒也是可以，只是香氣風味或色澤可能會有些不同。

🍶 白葡萄酒的釀製法

成品份量　600cc

製作所需時間　1～3 個月

材料　·金香葡萄1公斤（1000 g）
　　　　（去梗後的重量）或其
　　　　他葡萄

　　　·砂糖 60g

　　　·水果酵母菌 0.5g

工具　發酵罐（1800 cc）1 個
　　　塑膠袋 1 個
　　　橡皮筋 1 條
　　　封口布 1 片

步驟

1 將去梗、去蒂、去壞果後的金香葡萄，洗淨、晾乾後備用。

2 取 0.5g 酵母菌，先活化。活化的方法請參照酵母菌的活化處理。

3 將已晾乾的葡萄放入發酵罐中，用手去捏碎出汁。

4 取一滴葡萄汁用糖度折光計測糖度，25 度減葡萄汁糖度即為須補糖糖度，若沒糖度計就大概用材料所列的砂糖量，應該誤差不大。

5 調好發酵糖度後，
加入已活化好的酵
母菌，與葡萄汁攪
拌均勻即可。

6 用封口布先做好氧
發酵1天，讓加入的
酵母菌能大量增殖，
第二天開始才做厭
氧發酵。將罐口用
塑膠袋密封，讓酵
母菌開始工作，將
糖轉化成酒精。

7 若條件都對，約1星
期就可發酵完成，
若仍繼續發酵就再
等1星期，不要急著
先過濾轉桶，等發
酵完成沒有氣泡，
液體有些澄清才做
過濾轉桶動作。（也
可用塑膠袋裝冷開
水將表面葡萄渣壓
下發酵）

8 轉桶後，讓它繼續發酵熟成 1～3 個月，即可用虹吸方法，將上層澄清葡萄酒液取出裝瓶，再以70℃、歷時 1 小時的隔水滅菌方法滅菌，讓葡萄酒不再發酵，味道不再變化，最後封蓋鎖蓋。

〈 注意事項 〉

◆ 若經濟條件許可，發酵葡萄酒或任何水果釀酒，最好用水封（發酵罐）封罐口，比用封口布的效果還好，也大量減少污染。好氧發酵時，水封內不加水，空氣仍可自由進出。厭氧發酵時，水封內再加適量的水阻隔外面空氣進入，同時發酵罐裡面的空氣因為有壓力會被強迫排出。

蘋果酒

　　蘋果酒在國外非常流行，但在國內並不常見。蘋果鮮果原料，我們生產不多，幾乎要靠進口才夠，自然國人就少拿鮮果來釀酒，再加上進口的蘋果表面會上一層蠟以方便保存，所以大部分直接用進口蘋果濃縮果汁來釀酒，操作會更簡單。只是要注意進口的蘋果品種是否為國人接受的口味，以及濃縮果汁中是否含有大量的防腐劑而影響釀酒發酵的問題。

🍂 方法一：用酒用水果活性酵母菌當菌種

成品份量　600cc

製作所需時間　1～3 個月

材料　·蘋果 1 台斤（600g）

　　　·砂糖 2 兩（75g）

　　　·酒用酵母 0.5g（菌數 10^8 以上）

工具　發酵罐（1800 cc）1 個

　　　封口布 1 個

　　　塑膠袋 1 個

　　　橡皮筋 1 條

步驟

1 將蘋果去蒂頭、削皮去蠟、切塊（也可榨成汁，只用蘋果汁），放置於發酵罐備用。

2 先用糖度計測量蘋果汁糖度，用糖度25度減去蘋果汁糖度等於須補足的糖度，換算成需加入的冰糖或砂糖量。

4 將酒用水果活性乾酵母菌依程序活化復水備用。

3 將砂糖加水，用小火煮融化。砂糖水放冷至35℃時，倒入發酵用罐中。糖也可不必溶解直接倒入發酵罐中。

5 將酵母菌放入發酵用酒罐（或櫻桃罐）。

6 第一天用封口棉布封口，採好氧發酵。第二天起改用塑膠布蓋好罐口，採厭氧發酵，外用橡皮筋套緊。

7 約 30 天後即可開封
飲用。

方法二：
用 40 度米酒或食用酒精浸泡

材料 蘋果 1 台斤（600g）
冰糖 2 兩（75g）
40 度米酒 0.9 公升（900 cc）

工具 發酵罐（1800 cc）1 個
封口布 1 個
塑膠袋 1 個
橡皮筋 1 條

步驟

1 將蘋果洗淨、瀝乾、去蒂頭、削皮切
片或切丁，放置酒罐備用。

2 將冰糖和米酒倒入酒缸（或櫻桃罐）
混勻，用塑膠布蓋好罐口，外用蓋子
蓋好，密封於陰涼處。

3 浸泡 3 個月時，用過濾袋過濾後，即
可飲用。酒汁裝於細口瓶，以免酒質
混濁。

🦴 方法三：傳統阿嬤的釀酒法

材料 新鮮蘋果 1 台斤（600g）（沒有上蠟的梨山蘋果）
砂糖 4 兩（150g）（太甜容易變成甜酒，可減糖）
天然野生酵母菌（依附在蘋果表面的菌自然接種）

工具 發酵罐（1800 cc）1 個
封口布 1 個
塑膠袋 1 個
橡皮筋 1 條

步驟

1 先將蘋果去蒂頭輕輕沖洗（或不必清洗以免破壞附著於蘋果表面的野生酵母）、瀝乾、切塊，放置備用。

2 將蘋果塊放入酒缸時，一層蘋果就撒一層砂糖，最後最上層再撒一層砂糖。

3 將蘋果塊和砂糖撒勻後放入發酵用酒缸（或櫻桃罐）中，用塑膠布蓋好罐口，外用橡皮筋套緊，約半年開封過濾澄清即可飲用（其實 3 個月即可喝，但釀久一點果汁出汁會較完全，風味會更好）。

荔枝酒

　　荔枝是台灣特有的水果，5、6、7月是它的產期，自吳寶春代表台灣參賽的烘焙產品加入荔枝原料而得到世界第一之後，荔枝再度被世人重視，大家才知道好的荔枝原料在台灣。國外的荔枝酒很多是香料去調的，所以我們更要好好利用此資源釀出好酒。荔枝的香氣濃郁，外皮鮮豔，下面兩個製程是基本流程，讀者可依自己的條件去修改。

🍒 荔枝酒的釀製法

成品份量　400cc

製作所需時間　1～3 個月

材料　·新鮮的鮮紅荔枝 2 台斤
　　　（1200g）（去皮去籽後
　　　約剩 600g）
　　·砂糖 60g
　　·水果酵母菌 0.5g

工具　發酵罐（1800 cc）1 個
　　　封口布 1 個
　　　塑膠袋 1 個
　　　橡皮筋 1 條

步驟

1 將荔枝先去梗、去蒂、去壞果後，洗淨、
晾乾備用。

2 取 0.5g 酵母菌，先活化。活化的方法請參
照酵母菌的活化處理。

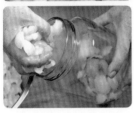

3 將荔枝去皮,去籽,將果肉及汁放入發酵罐中,也可用手撥小片出汁。

4 取一滴荔枝汁用糖度折光計測糖度,25 度減荔枝汁糖度即為須補糖糖度,若沒糖度計就大概用材料所列的砂糖量,應該誤差不大。

5 調好發酵糖度後,加入已活化好的酵母菌,與荔枝汁攪拌均勻即可。

6 用封口布先做好氧發酵一天,讓加入的酵母菌能大量增殖,第二天開始才做厭氧發酵,將罐口用塑膠袋密封,讓酵母菌開始工作,將糖轉化成酒精。

243

7 若條件都對，約2星期就可發酵完成，若仍繼續發酵就在等1星期，不要急著先過濾轉桶，等發酵完成沒有氣泡，液體有些澄清才做過濾轉桶。

8 轉桶後，讓它繼續發酵熟成 1～3 個月，即可用虹吸方法將上層的澄清荔枝酒液取出，裝瓶，再以 70℃，歷時 1 小時的隔水滅菌方法滅菌，讓荔枝酒不再發酵，味道不再變化，最後封蓋鎖蓋。

〈 注意事項 〉

◆ 若經濟條件許可，發酵荔枝酒或任何水果釀酒，最好用水封（發酵罐）封罐口，比用封口布的效果還好，也大量減少污染。好氧發酵時，水封內不加水，空氣仍可自由進出。厭氧發酵時，水封內再加適量的水，阻隔外面空氣進入，同時發酵罐裡面的空氣因為有壓力會被強迫排出。

◆ 在釀製荔枝酒時，其實就用一般傳統的釀酒法就行，不需要額外加一些添加劑。在家庭做法上一定要確保發酵罐清潔無污染，調整糖度要夠，水果

◆ 酵母菌要活化，荔枝要去皮去籽，發酵過程汁液一定要淹過果肉就行。

◆ 如果要增加色澤鮮艷，可以先單獨取已洗過乾淨的荔枝外皮，裝於另一容器用 40 度酒浸泡，溶出香氣與色澤，一個月後再倒出浸泡液，加到荔枝果肉的浸泡液中混勻。整體的香氣與色澤會提升很多。

　　柑橘類的水果由於其香氣十足，非常適合釀酒，但有些人不喜歡成熟水果的臭黃味而裹足不前。台灣曾因柳丁過剩而讓果農大崩盤，自開放民間釀酒後，在新竹縣芎林鄉就有人拿柳丁來釀酒，叫大吉大利酒。過年時當伴手禮特別適合，台灣菸酒公司也曾在過年時推出橘子造型酒，送禮很討喜。

🍷 柳丁酒的釀製法

成品份量　400cc

製作所需時間　1～3個月

材料　· 新鮮柳丁 1000g（去皮後
　　　　約剩 600g 的汁與果肉）

　　　· 砂糖約 75g（柳丁原有糖
　　　　度，外加糖分，總平均
　　　　糖度 25 度）

　　　· 水果酵母菌 0.3g（用量
　　　　為原料量的萬分之五）

工具　發酵罐（1800 cc）1 個
　　　封口布 1 個
　　　塑膠袋 1 個
　　　橡皮筋 1 條

步驟

1 水果柳丁去皮，取肉與汁秤重 600g，用手捏碎或用機器打碎，去籽。

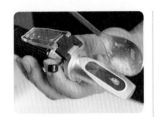

2 取汁液用糖度計量，以糖度 25 度減去現有水果糖度即為要補足的糖度，例如柳丁測出的糖度為 12.5 度，而釀酒需要的糖度 25 度，則 25 度－12.5 度 ＝ 12.5 度，此為須補充的糖度。而現有 600g 的量，因此 12.5 度＊600 ＝ 7500，一般砂糖的糖度以 100％計，故須補糖 7500 除 100 ＝ 75g 即可。

3 在家庭的釀製中，不一定要如此精算，讀者可採用傳統 1 斤水果 4 兩糖的概念來算補加糖量會非常容易，例如這 4 兩糖是 25 度的 4 兩，現在水果柳丁糖度是 12.5 度，要補 12.5 度的糖，是 25 度的 1/2，也就是 4 兩糖的 1/2 量，就可求得補加糖量。

4 加補糖量後先攪拌
均勻，再加入已活
化好的水果酵母菌。

5 先用封口棉布做好
氧發酵1天，第二
天起就用塑膠袋做
厭氧發酵，一直到
發酵完成。發酵完
成時間1～3個月，
依發酵情形而定。
初期酒味重，還有
甜味但沒水果香
氣，後期酒精度高，
香氣濃，但甜味降
低甚至變成無糖，
會產生微酸。

6 發酵完成後可採壓
榨過濾，家庭式的
釀酒可直接用過濾
袋用手壓擠過濾。
再澄清轉桶數次即
可。若量大時可採
用自然澄清方式取
其上層澄清液沉
澱，再壓榨其渣液。

7 最後在裝瓶前可調
整酒精度、糖度，
甚至色澤等，隨自
己的需求而定。

8 若要保存較久，裝
瓶後可用隔水溫度
70℃滅菌1小時，
將雜菌殺死。也可
採用國外的方式，
添加二氧化硫或直
接加抑菌劑處理。

〈 注意事項 〉

◆ 國外因為釀造水果的糖度夠甜，所以不一定要補加糖來處理。如果不在乎酒精度的高低，則可不額外加糖來釀造，風味自然會純醇，但釀出的酒精度可能只有 5 ～ 8 度而已。一般釀酒的糖度與酒精度的關係大概是 2 度的糖度轉變成 1 度的酒精度。故 25 度糖的水果，大約釀出 12.5 度的水果酒。如果想要濃度更高的酒，除發酵過程中不斷的補糖外，最常用的方法是直接額外添加混合食用酒精，或採用蒸餾法，濃縮提高酒精度。

◆ 糖用一般的砂糖即可。早期傳統常用冰糖釀酒，我認為冰糖用在浸泡酒較好，發酵的酒用不要太精緻的糖即可。用特砂則風味會較清甜，顏色不會影響水果的本色。二砂顏色會較深，適合用在較深色的水果釀造，如果價格差不多，建議一律採用特砂來釀酒即可。

◆ 水果酵母菌秤重定量後，最好要先做活化，讓乾燥的酵母菌甦醒繁殖再增殖，較不會擔心釀酒失敗。活化有一定的作法，請參閱水果用活性乾酵母菌用於酒類的方法。

檸檬酒

　　檸檬在台灣是一種非常普遍的水果，除了鮮食外，常用於料理或釀造醋，釀酒較少。主要是檸檬汁偏酸，不容易發酵，若用鹼性物質去調整，又會造成風味不正宗。所以早期都用阿嬤的做法，沒變成酒至少是甜的檸檬果汁，直接用冰水稀釋非常好喝。日本的釀酒 DIY 中常添加新鮮檸檬汁來調整釀酒酒醪的酸性環境，減少被雜菌污染的可能。

🍂 方法一：用酒用水果活性酵母菌活化當菌種

成品份量　400cc

製作所需時間　1～3個月

材料　·檸檬1台斤（600g）

　　　·砂糖2兩（75g）

　　　·水果酒用酵母 0.5g
　　　（菌數 10^8 以上）

工具　發酵罐（1800 cc）1個

　　　封口布 1個

　　　塑膠袋 1個

　　　橡皮筋 1條

步驟

1 將檸檬切片（或榨汁，只用檸檬汁），放置於發酵罐備用。

2 用糖度計量檸檬汁的糖度，不足糖度25度的部分用砂糖補足。

3 將砂糖加水,用小
火煮融化。砂糖水
放冷至 30℃ 時,倒
入發酵罐中,攪拌
均勻。或直接將糖
(不必溶解)直接
倒入發酵罐中。

4 將酒用水果活性乾
酵母菌依程序活化
復水備用。

6 第一天用封口棉布
封口,採好氧發酵。
第二天起改用塑膠
布蓋好罐口,採厭
氧發酵,外用橡皮
筋套緊,約 45 天即
可開封飲用。

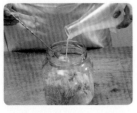

5 將酵母菌放入發酵
酒缸(或櫻桃罐)。

方法二：用 40 度米酒或食用酒精浸泡

材料　檸檬 半斤（300g）
　　　冰糖（或砂糖）200g
　　　40 度米酒 0.9 公升（900 cc）

工具　發酵罐（1800 cc）1 個
　　　封口布 1 個
　　　塑膠袋 1 個
　　　橡皮筋 1 條

步驟

1 將檸檬洗淨、瀝乾、去蒂頭，連皮切片，放置酒缸備用。

2 將冰糖、米酒倒入酒缸（或櫻桃罐）中混勻，用塑膠布蓋好，罐口外用蓋子蓋好，密封於陰涼處。

3 浸泡 3 個月，用過濾袋過濾後，酒汁裝於細口瓶，以免酒質混濁。

🍶 方法三：傳統阿嬤的檸檬酒釀製法

材料　新鮮檸檬 1 台斤（600g）
　　　砂糖 4 兩（150g）（太甜容易變成甜酒）
　　　天然野生酵母菌（依附在檸檬表面的菌自然接種）

工具　發酵罐（1800cc）1 個
　　　封口布 1 個
　　　塑膠袋 1 個
　　　橡皮筋 1 條

步驟

1　先將檸檬去梗，輕輕沖洗（或不必清洗，以免破壞附著於
　　檸檬表面的野生酵母）、瀝乾、連皮切片，放置備用。

2　將檸檬塊放入發酵用酒缸時，一層檸檬就撒一層砂糖，最後
　　最上層撒一層砂糖。

3　將檸檬和砂糖撒勻後，放入發酵酒缸（或櫻桃罐）中，用塑膠
　　布蓋好罐口，外用橡皮筋套緊，約半年開封即可飲用（其實 3
　　個月即可喝，但釀久一點果汁出汁會較完全，風味會更好）。

桑椹酒

　　桑椹在每年的四月清明節期間是盛產期，由於目前品種經過改良，不管是在甜度、顆粒大小、形狀上都優於以前，民間普遍用於鮮食，也拿次級品做果汁、果醬及釀酒，在料理上若以桑椹酒燉牛肉，會非常協調可口。

　　一般水果酒有三種基本製法，在一般家庭可相互應用，取其方便就好，每種方法都有其特色及可取之處，不要拘泥於任一種方法才可享受歡愉的成果。

方法一：用酒用水果活性酵母菌當菌種

成品份量 500cc

製作所需時間 1～3 個月

材料 ・桑椹 1 台斤（600g）

　　　・砂糖 2 兩（75g）

　　　・水果酒用酵母 0.5g
　　　　（菌數 10^8 以上）

工具 發酵罐（1800 cc）1 個

　　　封口布 1 個

　　　塑膠袋 1 個

　　　橡皮筋 1 條

步驟

1 將桑椹去梗切塊（或榨汁，只用桑椹汁），放置於發酵用罐備用。

2 先用糖度計測量桑椹汁糖度，用糖度25度減去桑椹汁糖度，等於須補足的糖度，換算成需加入的冰糖或砂糖量。

3 將砂糖加水，用小火煮融化。砂糖水放冷至30℃時，倒入發酵罐中。或不必溶糖，直接倒入發酵罐中。

4 將酒用水果活性乾酵母菌依程序活化復水備用。

5 將酵母菌放入發酵用酒缸（或櫻桃罐）。

6 第一天用封口棉布封口，採好氧發酵。第二天起改用塑膠布蓋好罐口，採厭氧發酵，外用橡皮筋套緊，約45天即可開封飲用。

方法二：用 40 度米酒或食用酒精浸泡

材料　桑椹 半斤（300g）
　　　冰糖（或砂糖）200g
　　　40 度米酒 0.9 公升（900 cc）

工具　發酵罐（1800 cc）1 個
　　　封口布 1 個
　　　塑膠袋 1 個
　　　橡皮筋 1 條

步驟

1 將桑椹洗淨、瀝乾、去梗，放置酒罐備用。

2 將冰糖、米酒倒入酒缸（或櫻桃罐）混勻，用塑膠布矇好罐口，外用蓋子蓋好，密封於陰涼處。

3 浸泡 3 個月時，使用過濾袋過濾後，酒汁裝於細口瓶，以免酒質混濁。

🍶 方法三：傳統阿嬤的釀酒法

材料　新鮮桑椹 1 台斤（600g）
　　　砂糖 4 兩（150g）（太甜容易變成甜酒）
　　　天然野生酵母菌（依附在桑椹表面的菌自然接種）

工具　發酵罐（1800 cc）1 個
　　　封口布 1 個
　　　塑膠袋 1 個
　　　橡皮筋 1 條

步驟

1 先將桑椹去梗輕輕沖洗（或不必清洗，以免破壞附著於桑椹表面的野生酵母）、瀝乾、切塊，放置備用。

2 將桑椹粒放入發酵用酒缸時，一層桑椹粒就撒一層砂糖，最後在最上層撒一層砂糖。

3 將撒勻砂糖的桑椹放入酒缸（或櫻桃罐）中，用塑膠布蓋好罐口，外用橡皮筋套緊，約半年開封即可飲用（其實 3 個月即可喝，但釀久一點果汁出汁會較完全，風味會更好）。

楊桃酒

　　小時候住鄉下幾乎挨家挨戶都有種楊桃，吃不完就掉到地下給雞啄食，當作飼料。當時的楊桃沒有改良過，品種都偏酸不夠甜，不適合鮮食，但加工做成蜜餞、果汁、酒或醋，是很好的材料。尤其是當時市場上非常流行黑面蔡楊桃汁，品牌很響亮，不過它是用鹽醃漬的楊桃汁產品，與釀酒、釀醋的做法不同。

　　第一次接觸到的釀酒，就是堂姊用糯米與楊桃一起釀的酒，叫作楊桃糯米酒，長大後因為傳言楊桃吃多了會對腎臟不好而較少去觸碰。不過經過釀造的楊桃酒很好喝，但喝酒真的不要過量。

方法一：用酒用水果活性酵母菌當菌種

成品份量 500cc

製作所需時間 1～3 個月

材料 ・楊桃 1 台斤（600g）

　　　・砂糖 2 兩（75g）

　　　・酒用酵母 0.5g（菌數 10^8 以上）

工具 發酵罐（1800 cc）1 個

　　　封口布 1 個

　　　塑膠袋 1 個

　　　橡皮筋 1 條

步驟

1 將楊桃去蒂頭、削邊切片或切條（或榨汁，只用楊桃汁），放置於發酵罐備用。

2 用糖度計量楊桃汁的糖度，不足糖度 25 度的部分用砂糖補足。

3 將砂糖加水,用小火煮融化。砂糖水放冷至 30℃ 時,倒入發酵罐中,或不必溶解直接就倒入發酵罐中。

4 將酒用水果活性乾酵母菌依程序活化復水備用。

5 將酵母菌混合,放入發酵酒缸(或櫻桃罐)。

6 第一天用封口棉布封口,採好氧發酵。第二天起改用塑膠布蓋好罐口,採厭氧發酵,外用橡皮筋套緊,約 30 天即可開封飲用。

🍶 方法二：用 40 度米酒或食用酒精浸泡

材料　楊桃 半斤（300g）
　　　冰糖（或砂糖）200g
　　　40 度米酒 0.9 公升（900 cc）

工具　發酵罐（1800 cc）1 個
　　　封口布 1 個
　　　塑膠袋 1 個
　　　橡皮筋 1 條

步驟

1 將楊桃洗淨、瀝乾、去蒂頭切片或切條，放入酒罐備用。

2 將冰糖和米酒倒入酒缸（或櫻桃罐）中混勻，用塑膠布蓋好
　罐口，外用蓋子蓋，密封於陰涼處。

3 浸泡 3 個月時，用過濾袋過濾後，酒汁裝於細口瓶，以免酒質
　混濁。

🥄 方法三：傳統阿嬤的釀酒法

材料 新鮮楊桃 1 台斤（600g）

砂糖 4 兩（150g）（太甜容易變成甜酒），

天然野生酵母菌（依附在梅子表面的菌自然接種）

工具 發酵罐（1800 cc）1 個

封口布 1 個

塑膠袋 1 個

橡皮筋 1 條

步驟

1 先將楊桃去蒂頭，削去邊肉，輕輕沖洗（或不必清洗，以免破壞附著於楊桃表面的野生酵母）、瀝乾、果實切片或切條狀，放置備用。

2 將切好的楊桃放入酒缸時，一層楊桃就撒一層砂糖，最後最上層一層撒砂糖。

3 將楊桃和砂糖撒勻後，放入發酵用酒缸（或櫻桃罐）中，用塑膠布蓋好罐口，外用橡皮筋套緊，約半年開封過濾澄清即可飲用（其實 3 個月即可喝，但釀久一點果汁出汁會較完全，風味會更好）。

李子酒

　　李子也是端午節前後的季節產品，小時候常喝到李子酒。因為果汁顏色為紫紅色，非常好看，果子成熟時，汁特別多而甜。處理李子時，要注意別被色素沾到，染色會很難洗。

方法一：用酒用水果活性酵母菌當菌種

成品份量　400cc

製作所需時間　1～3個月

材料　· 李子1台斤（600g）

　　　· 砂糖2兩（75g）

　　　· 酒用酵母0.5g（菌數
　　　　10^8以上）

工具　發酵罐（1800 cc）1個

　　　封口布1個

　　　塑膠袋1個

　　　橡皮筋1條

步驟

1 將李子去蒂頭，劃刀（或用榨汁，只用李子汁），放置於發酵用罐備用。

2 先用糖度計測量李子汁糖度，用糖度25度減去李子汁糖度，等於須補足的糖度，換算成需加入的砂糖量。

3 將砂糖加水，用小火煮融化。砂糖水放冷至 30℃ 時，倒入發酵罐中。或不必溶解糖直接就倒入發酵罐中。

7 約 30 天後即可開封飲用。

4 將酒用水果活性乾酵母菌依程序活化復水備用。

6 第一天用封口棉布封口，採好氧發酵。第二天起改用塑膠布蓋好罐口，採厭氧發酵，外用橡皮筋套緊。

5 將酵母菌放入發酵用酒缸（或櫻桃罐）。

🍶 方法二：用 **40** 度米酒或食用酒精浸泡

材料　李子半斤（300g）
　　　冰糖（或砂糖）200g
　　　40 度米酒 0.9 公升（900 cc）

工具　發酵罐（1800 cc）1 個
　　　封口布 1 個
　　　塑膠袋 1 個
　　　橡皮筋 1 條

步驟

1 將李子洗淨、瀝乾、去蒂頭劃刀或不劃刀，放入酒罐備用。

2 將冰糖和米酒也倒入酒缸（或櫻桃罐）混勻，用塑膠布蓋好罐口，外用蓋子蓋好，密封於陰涼處。

3 浸泡 3 個月時，用過濾袋過濾後，酒汁裝於細口瓶，以免酒質混濁。

🍶 方法三：用傳統阿嬤的釀酒法

材料　新鮮李子1台斤（600g）

　　　砂糖4兩（150g）（太甜容易變成甜酒）

　　　天然野生酵母菌（依附在李子表面的菌自然接種）

工具　發酵罐（1800 cc）1個

　　　封口布1個

　　　塑膠袋1個

　　　橡皮筋1條

步驟

1 先將李子去蒂頭，輕輕沖洗（或不必清洗，以免破壞附著於李子表面的野生酵母）、瀝乾、日曬半天、果實表面劃4刀，放置備用。

2 將劃好刀的李子放入酒缸時，一層李子就撒一層砂糖，最後最上層一層撒砂糖。

3 將李子、砂糖、撒勻放入發酵酒缸（或櫻桃罐）中，用塑膠布蓋好罐口，外用橡皮筋套緊，約半年開封過濾澄清即可飲用（其實3個月即可喝，但釀久一點果汁出汁轉成酒會較完全，風味會更好）。

梅子酒

　　梅子酒在台灣是非常普遍的水果酒，每年四月份清明節前後，傳統市場就會出現用 10 台斤塑膠袋裝的一包包新鮮梅子，還附上製作說明，非常方便。由於製作說明是浸泡的做法，只要清潔瀝乾、加糖、加酒就完成。所以基本上沒有不會做的，只是願不願意去做以及有沒有瓶瓶罐罐的容器，3 個月至半年就可以享受成果。我很喜歡梅酒，浸泡製作的梅酒酒精度較高（約 35 度）、較清澈，比釀造製作的梅酒（酒精度約 12 度）好喝。包裝的時候，可以將去年釀的梅酒澄清過濾後，放入兩粒今年醃漬的脆梅，會非常漂亮又可口。

🍸 方法一：用酒用水果活性酵母菌當菌種

成品份量 400cc

製作所需時間 1～3個月

材料 梅子1台斤（600g）
砂糖2兩（75g）
酒用酵母 0.5g（菌數 10^8 以上）

工具 發酵罐（1800 cc）1個
封口布1個
塑膠袋1個
橡皮筋1條

步驟

1 將梅子去蒂頭，果肉劃刀（不一定要劃刀，或用榨汁只用
梅子汁），放置於發酵用罐備用。

2 先用糖度計測量梅子汁糖度，用糖度25度減去梅子汁糖度等
於須補足的糖度，換算成需加冰糖或砂糖量。

3 將砂糖加水，用小火煮融化。砂糖水放冷至 35℃ 時，倒入發酵罐中。或不必溶解糖，直接就倒入發酵罐中。

4 將酒用水果活性乾酵母菌依程序活化復水備用。

5 將梅子汁或碎塊果肉、糖水、酵母菌混合放入發酵用酒缸（或櫻桃罐）。第一天用封口棉布封口，採好氧發酵，第二天起改用塑膠布蓋好罐口，採厭氧發酵，外用橡皮筋套緊，約 60 天即可開封飲用。

〈 注意事項 〉

◆ 梅子的營養成分，最主要看它的有機酸含量，一般在台東縣一帶的梅子，個體較小，有機酸含量很多，做出來的成品感覺較香。南投縣一帶的梅子，較大顆，加工方便，賣相較好。在北部復興鄉的後山也有生產，因為量不多，最好要在過年後就先預訂。如果各種水果不知何處才有，可打電話到各地農會推廣股找相關產銷班就可以買到。

Chapter 10 水果類、糖類原料釀造酒

🍷 方法二：用 40 度米酒或食用酒精浸泡

材料　梅子 半斤（300g）
　　　冰糖（或砂糖）200g
　　　40 度米酒 0.9 公升（900 cc）

工具　發酵罐（1800 cc）1 個
　　　封口布 1 個
　　　塑膠袋 1 個
　　　橡皮筋 1 條

步驟

1 將梅子洗淨、瀝乾、去蒂頭劃刀或不劃刀，放入酒罐備用。

2 將冰糖和米酒也倒入酒缸（或櫻桃罐）混勻，用塑膠布蓋好罐口，外用蓋子蓋，密封於陰涼處。

3 浸泡 3 個月時，用過濾袋過濾後，酒汁裝於細口瓶，以免酒質混濁。

〈 注意事項 〉

◆ 酒剛開放初期，政府曾找學術單位研究水果酒的浸泡最佳固液比例是水果：酒 ＝ 1：1，我發現成本太高，民間一般難以接受。一般在浸泡時，一定會遵守酒一定要淹過水果的原則，另一個原則是水果：酒＝1：2以上，主要問題仍在於酒加入後是否能淹過水果，讀者可嘗試看看，記得要用小瓷盤壓在水果上層幫助水果沉下，如此水果表面都能淹到酒汁，才不會讓水果褐變而影響酒質。

🍷 方法三：用傳統阿嬤的釀酒法

材料 新鮮梅子 1 台斤（600g）

砂糖 4 兩（150g）（太甜容易變成甜酒）

天然野生酵母菌（依附在梅子表面的菌自然接種）

工具 發酵罐（1800 cc）1 個

封口布 1 個

塑膠袋 1 個

橡皮筋 1 條

步驟

1 先將梅子去蒂頭輕輕沖洗（或不必清洗，以免破壞附著於梅子表面的野生酵母）、瀝乾、日曬半天、果實表面劃 4 刀，放置備用。

2 將劃好刀的梅子放入酒缸時，一層梅子就撒一層砂糖，最後最上層撒一層砂糖。

3 將梅子和砂糖撒勻後放入發酵用酒缸（或櫻桃罐），用塑膠布蓋好罐口，外用橡皮筋套緊，約半年開封過濾澄清即可飲用（其實 3 個月即可喝，但釀久一點果汁出汁轉成酒會較完全，風味會更好）。

芒果酒

芒果的香氣濃郁，尤其是台灣土芒果。我曾經在海南設廠生產芒果汁及水蜜桃汁，當時芒果汁的口味即設定為台灣土芒果，風靡一時。但是土芒果顆粒較小，加工較費工不方便，但香氣迷人值得讀者嘗試，選擇芒果時盡量選擇香氣較香的品種。

芒果酒的釀製法：用酒用水果活性酵母菌當菌種

成品份量 400cc

製作所需時間 1～3 個月

材料 ・芒果 1 台斤（600g）

・砂糖 1.5 兩（56g）

・酒用酵母 0.5g（菌數
10^8 以上）

工具 櫻桃罐 1 個（1800cc）

封口布 1 個

塑膠袋 1 個

橡皮筋 1 條

步驟

1 將芒果去皮、削邊切片或切條（或可榨汁，只用芒果汁），
放置於發酵罐備用。

2 先用糖度計測量芒果
汁糖度,用糖度25
度減去芒果汁的糖
度,等於須補足的糖
度,換算成需加入的
冰糖或砂糖量。

4 將酒用水果活性乾
酵母菌依程序活化
復水備用。

5 將酵母菌放入發酵用
酒缸(或櫻桃罐)。

3 砂糖加水,小火煮
至融化。糖水放冷
至35℃,倒入發酵
罐中,拌勻。或不
必溶解糖就直接倒
入發酵罐中。

6 第一天用封口棉布
封口,採好氧發酵,
第二天起改用塑膠
布蓋好罐口,採厭
氧發酵,外用橡皮
筋套緊。

7 約 30 天後即可開封
飲用。

〈 注意事項 〉

◆ 芒果香氣濃郁，適合
釀酒，而且顏色也較
艷麗，在台灣也有相
當的產量。選用時不
要選擇太成熟的水
果，以免有臭黃味。
一般用土芒果釀，香
氣最佳。

香蕉酒

　　香蕉是一種黏稠、很容易氧化的水果，香蕉肉由於糖分高，做前處理去皮時，遇空氣容易產生梅納反應，表面會出現一層褐變，造成產品面相不好看，而且由於果膠多，在釀酒時會影響發酵。故在真正釀酒時一定要額外加些果膠分解酵素（添加量千分之一）來幫助發酵，才能提高出酒率。如果只是家庭釀酒，就省掉此步驟，因為果膠分解酵素不容易買到，而且都是大包裝（1 公斤裝約 4、5 千元）。

🥢 香蕉酒的釀製法

成品份量　400cc

製作所需時間　1～3 個月

材料　· 香蕉 1 台斤（去皮後 600g）

　　　· 砂糖 2 兩（75g，最好量好香蕉的糖度，再扣糖度）

　　　· 酒用酵母 0.5g（菌數 10^8 以上）

工具　發酵罐（1800 cc）1 個

　　　封口布 1 個

　　　塑膠袋 1 個

　　　橡皮筋 1 條

步驟

1 將香蕉剝皮,香蕉肉切片或切段(或用絞碎機打爛成香蕉泥),放置於發酵罐備用。

2 先用糖度計測量香蕉汁糖度,再用糖度 25 度減去香蕉汁糖度等於須補足的糖度,換算成需加糖量。

3 將秤好量的砂糖直接倒入發酵罐中。也可以加一點水用小火煮至融化。砂糖水放冷至 35℃時,才倒入發酵罐。

5 將酵母菌放入發酵用酒缸(或櫻桃罐)中,拌勻。

4 將酒用水果活性乾酵母菌依程序活化復水 30 分鐘備用。

6 第一天用封口棉布封口，採好氧發酵，讓酵母菌能有氧氣充分增殖增加菌數。第二天起改用塑膠布蓋好罐口，採厭氧發酵，外用橡皮筋套緊，強迫酵母菌不再增殖而開始工作，將糖分轉換成酒精。

7 約 30 天後即可開封飲用。

〈 注意事項 〉

◆ 香蕉是果膠較多、香氣足的水果，鮮食很方便，但釀酒並不十分容易。台灣曾經是香蕉王國，也設有香蕉研究所，至今卻沒有香蕉酒的研究報告。設廠在高雄的「壹佰齡酒廠」曾經生產推廣過，但市場反應很淡。台灣市場上現有的是法國 M 廠生產的香蕉酒，酒精度 25 度（應該不是釀造酒），700ml 容量，由進口商進口，大都用於調酒市場，較少直接喝。或許市場接受度才是很多酒真正無法生產的原因。

蓮霧酒

蓮霧是一種香氣較淡的水果，水分多，榨汁後顏色不起眼，對釀酒來說並不適合。但家中庭院或附近有結果多的傳統蓮霧樹沒人採收時，拿那些落果或不好鮮食的蓮霧來釀酒，倒也是一種可行的辦法。

🍶 蓮霧酒的釀製法

成品份量 500cc

製作所需時間 1～3 個月

材料 · 蓮霧 1 台斤（處理後 600g）

· 砂糖 2 兩（75g，最好正確量好蓮霧糖度，再扣糖度）

· 酒用酵母菌 0.5g（菌數 10^8 以上）

工具 發酵罐（1800 cc）1 個

封口布 1 個

塑膠袋 1 個

橡皮筋 1 條

步驟

1 蓮霧去蒂頭、去籽、切片或切條（或榨汁，只用蓮霧汁），打成泥狀備用。

2 先用糖度計測量蓮霧汁糖度，用糖度25度減去蓮霧汁糖度，等於須補足的糖度，換算成需加入的糖量。

3 將秤好量的砂糖直接倒入蓮霧泥中，拌勻。也可以加一點水用小火煮融化。糖水放冷至35℃時，才倒入發酵罐中。

4 將酒用水果活性乾酵母菌依程序活化復水30分鐘備用。

291

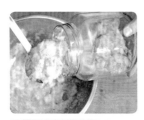

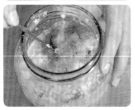

5 將蓮霧片、塊或泥放入發酵酒缸（或櫻桃罐）中。加入酵母菌，拌勻。

〈 注意事項 〉

◆ 蓮霧是水分多而香氣不足的水果，釀酒並不十分適合，如同西瓜釀酒一樣，釀出的西瓜酒風味會很簡單，將面臨市場接受度的問題。

6 第一天用封口棉布封口，採好氧發酵，讓酵母菌能有氧氣充分增殖增加菌數。第二天起改用塑膠布蓋好罐口，採厭氧發酵，外用橡皮筋套緊，強迫酵母菌不再增殖而開始工作，將糖分轉換成酒精。

7 約 30 天後即可開封飲用。

鳳梨酒

　　鳳梨是台灣傳統的水果，目前市面上賣的鳳梨都經過改良，早期以加工鳳梨罐頭出口為主，現在鳳梨已脫去以前太酸的印象，以鮮食及加工成鳳梨餡、蜜餞、鳳梨片為主。

　　開放大陸來台觀光之後，台灣鳳梨酥就變成外銷名產，供不應求。目前要找台灣土鳳梨做傳統鳳梨酥的餡料，還要費一番功夫。由於鳳梨的香氣為大眾所接受，所以鳳梨相關產品相當多，從醫療、食品、飼料添加劑用的鳳梨酵素，到鳳梨蜜餞、果汁飲品、烘焙產品等等。尤其鳳梨醋與鳳梨酒的釀製，在東南亞一帶如泰國，可以看到很多銷售的鳳梨白蘭地，是一種值得品嘗的酒。

方法一：用酒用水果活性酵母當菌種

成品份量　400cc

製作所需時間　1～3個月

材料　·鳳梨1台斤（600g）

　　　·砂糖2兩（75g）

　　　·酒用酵母0.5g（菌數10^8以上）

工具　發酵罐（1800 cc）1個

　　　封口布1個

　　　塑膠袋1個

　　　橡皮筋1條

鳳梨酒

步驟

1 將鳳梨去皮切丁（或用榨汁，只用鳳梨汁），放置於發酵罐中打碎備用。

2 先用糖度計測量鳳梨汁糖度，用糖度25度減去鳳梨汁糖度，等於須補足的糖度，換算成需加入的砂糖量。

3 將砂糖加鳳梨汁，用小火煮融化。糖水放冷至30℃時，倒入發酵罐。或不必溶解砂糖直接就倒入發酵罐中。

4 將酒用水果酵母菌依程序活化備用。

5 將活化酵母菌放入發酵酒缸（或櫻桃罐）中，拌勻。

〈 注意事項 〉

◆ 發酵釀酒嚴格來
說，需先測水果
汁的糖度與 PH
值，然後再加糖
來控制，並控制
其通氣量。

6 第一天用封口棉布封
口，採好氧發酵。第
二天起改用塑膠布
蓋好罐口，採厭氧發
酵，塑膠布外用橡皮
筋套緊。

7 約 1.5 個月即可開
封飲用。

🍶 方法二：用 40 度米酒或食用酒精浸泡

材料　鳳梨肉半斤（300g）
　　　冰糖 200g
　　　40 度米酒 0.9 公升（900 cc）

工具　發酵罐（1800 cc）1 個
　　　封口布 1 個
　　　塑膠袋 1 個
　　　橡皮筋 1 條

步驟

1 將鳳梨去皮，把果肉切 4 等份，再切片切丁，放入發酵罐備用。

2 將冰糖和 40 度米酒倒入酒缸（或櫻桃罐）中混勻，用塑膠布蓋好，外用蓋子蓋好，密封於陰涼處。

3 於鳳梨浸泡 3 個月時，用過濾袋過濾澄清後，酒汁裝於細口瓶，以免酒質混濁。

🍶 方法三：用傳統酒麴（白殼）當菌種

材料　鳳梨肉丁 1 台斤（600g）
　　　砂糖 2 兩（75g）
　　　酒用酵母 0.5g（菌數 10^8 以上）

工具　發酵罐（1800 cc）1 個
　　　封口布 1 個
　　　塑膠袋 1 個
　　　橡皮筋 1 條

步驟

1 將鳳梨去皮切丁（或用榨汁，只用鳳梨汁），放置於發酵罐中打碎備用。

2 將冰糖加水，用小火煮融化。糖水放冷至 30℃ 時，倒入發酵罐。

3 將鳳梨肉、糖水、白殼放入酒缸（或櫻桃罐）中混勻，再用塑膠布蓋好，外用橡皮筋套緊，約半年開封（其實 3 個月即可飲用，但因鳳梨纖維較多，釀久一點果汁出汁會較完全）。

水果酒、醋類酒的品質瑕疵處理

味道太甜

可能因素：

1. 糖量添加太多。

2. 酵母菌發酵能力太差，含殘糖量太高。

3. 酵母營養不足。

解決方法：

1. 降低糖添加量。

2. 改以分批添加糖量（一次全部添加時將造成糖濃度太高，可能會抑制酵母菌發酵能力）。

3. 改加新酵母菌再發酵：可先取出部份進行試驗，再逐步加至主發酵桶，如果含糖量過高時可做適當稀釋，但應盡量避免影響品質。可以用原料果汁稀釋或重新混合再開始發酵。

4. 如果酒精濃度夠，也可以與不含糖的水果酒混合。

5. 若是酵母營養不足，可先取出部份發酵液增加酵母的營養成分再進行測試，等確定後重新添加營養成分及活化酵母。

不發酵或延滯發酵

可能因素：

1. 缺少營養。

2. 糖添加量太高。

3. 含二氧化硫太高，抑制酵母菌生長及活性。

解決方法：

1. 酵母營養不足：可先取出部份發酵液增加酵母營養成分再進行測試，等確定後重新添加營養成分及活化酵母。

2. 糖添加量太高：降低糖添加量或改以分批添加糖量（一次全部添加時造成糖濃度太高，可能會抑制酵母菌的發酵能力）。

3. 如果確定二氧化硫太高，可實施多次轉桶，使二氧化硫揮發掉。

產生醋酸

可能因素：醋酸菌污染。

解決方法：

1. 程度輕尚可改善者：添加二氧化硫，減少與空氣接觸之表面積。

2. 嚴重者無法挽救：丟棄或改變作為醋酸產品。

3. 廠房器具徹底殺菌，消滅污染源。

表面產膜

可能因素：1. 產膜酵母污染。　2. 黴菌污染。

解決方法：

1. 程度輕尚可改善者：添加二氧化硫，減少與空氣接觸之表面積。

2. 嚴重者無法挽救：丟棄或改變作為醋酸產品。

3. 廠房器具徹底殺菌，消滅污染源。

氣味不佳

〈醋味〉

可能因素：醋酸菌污染。程度輕，尚可改善者：添加二氧化硫，減少與空氣接觸之表面積。嚴重者無法挽救，則丟棄或改變作為醋酸產品。廠房器具徹底殺菌，消滅污染源。

解決方法：如果查出只是部分裝瓶的酒有問題，則可能是酒瓶有污染，對酒瓶應徹底殺菌。

〈酵母味〉

可能因素：可能是酵母菌自我分解所造成，也可能酵母菌體浸漬太久，或轉桶時沒分離乾淨。

解決方法：盡量將沉澱物去除。

〈硫磺味〉

可能因素：可能是添加二氧化硫太高。

解決方法：可實施多次轉桶，使二氧化硫揮發。

〈霉味〉

可能因素：可能是軟木塞之隙縫，或蓋口，或容器受黴菌污染所造成。

解決方法：為蓋口或軟木塞、容器要充分殺菌，可以用偏亞硫酸鉀溶液浸漬殺菌。

〈塑膠味〉

可能因素：可能是使用非食品級耐酸鹼的塑膠容器軟管所造成。

解決方法：改用合格容器軟管。

產生混濁現象

〈果膠性混濁〉

可能因素：原因出在原料的加熱抽出或壓搾太過度，造成過多果膠溶出。

解決方法：可添加果膠酵素予以分解，或添加膨潤土、明膠等處理後過濾。

〈澱粉性混濁〉

可能因素：原因為原料中的澱粉含量高，加熱抽出時易造成澱粉性混濁。可取部分酒液進行點呈色試驗予以證實。

解決方法：可添加澱粉酵素予以分解，或添加膨潤土、明膠等澄清處理後過濾。

〈乳酸菌混濁〉

可能因素：蘋果酸乳酸發酵所造成。

解決方法：可在發酵後加二氧化硫，約 10 天後過濾去除沉澱菌體。

〈呈色性混濁〉

可能因素：可能由銅、鐵離子所造成。加少數檸檬酸可使其溶解。

解決方法：避免使用此等金屬器具。

Chapter 11

蔬菜類、其他類原料釀造酒

一般來說，蔬菜酒可能屬澱粉類或無糖類原料酒，本書特別將它獨立成一個章節，讓讀者更加了解蔬菜酒的釀造過程與風味。常見的蔬菜酒有地瓜酒、山藥酒、苦瓜酒、山蘇酒等等，民間也有許多人喜歡釀製。釀好的蔬菜酒有淡淡的蔬菜香氣，是具有特色的酒類。蔬菜原料分為含澱粉原料和沒有糖的，釀酒時看情況添加糖度。原則要抓準糖度，糖度不夠的蔬菜必須補足應有的糖度。掌握基本原則後，嘗試更多不同的蔬菜原料，釀出專屬美酒。

～～ 蔬菜酒、其他酒類釀製的基本處理原則 ～～

〈蔬菜酒釀製的基本處理原則〉

· 蔬菜酒的處理原則皆可比照一般水果酒的釀製來處理。

· 有些原料清潔後，切片切段，先乾燥或烘烤後再釀酒，風味會更香。

· 釀蔬菜酒的原料，基本上糖分含量都會較少或是沒有，要釀酒就要先額外加糖補糖度，總糖度仍可設定在 25 度左右，調糖是很重要步驟。

· 根莖塊狀的蔬菜釀酒，如果皮可以吃，釀酒時可以不削皮，直接連皮釀，酒的風味會較香。

〈其他酒類釀製的基本處理原則〉

· 其處理原則皆可比照一般水果酒的釀製來處理。

· 釀酒的原料秤重定量好後，先調整糖度，糖分不夠就加糖，糖度太高就需降糖度。做釀造酒沒有再蒸餾一開始就直接用冷開水稀釋，而做蒸餾酒因為最後還要再蒸餾來達到殺菌效果。為避免影響發酵效果，少用生水，至少用乾淨的水來稀釋。

· 原料在釀酒前先調好糖度，最好都做初步殺菌，殺完菌的原料在適當的溫度下再加入活化好的酵母菌，釀酒會更安全，出酒率才會更高。

山蘇酒

　　記得 2000 年時，在花蓮縣各鄉鎮農會授課，認識山蘇產銷班的楊班長夫婦，他們產的山蘇葉品質非常好，每天清晨四點鐘上山去採收，回來整理裝箱，十點鐘利用空運配送賣到台北五星級飯店，並保證山蘇葉絕對不會老，當日若有吃到一根老纖維的山蘇葉，全部不要錢，這種氣魄讓我感動不已，他們的成功就是一種誠信的堅持。為了這個承諾，每日有不少較老纖維的山蘇被挑出，吃也吃不完，送人也不是辦法，丟掉很可惜，後來我用學過的製茶技術概念開發成山蘇茶、山蘇酒及山蘇酵素，後來也成為花蓮縣新城鄉的一個特色。

　　這也是典型的蔬菜類釀酒方式，沒香氣的釀酒材料想辦法透過烘焙、烤、炒的方式達到有香味的目的。原料沒糖分或糖分不夠，則利用外加砂糖來補足釀酒所需的糖分。擔心野青味與口感，則利用蒸餾製成特殊蒸餾酒。

🥄 山蘇酒的釀製法

成品份量　1500cc

製作所需時間　1 ～ 1.5 個月

材料　· 山蘇葉 1 台斤 (600g）

　　　　· 25 度糖水 3 台斤（砂糖450g，加水 1800cc）

　　　　· 酒用酵母 2g（菌數 10^8 以上）

工具　發酵罐（1800 cc）1 個、封口布 1 個、塑膠袋 1 個、橡皮筋 1 條

步驟

3 將酒用活性乾酵母菌依程序活化復水 30 分鐘備用。

1 山蘇葉取其 10 公分嫩葉或取 15 公分的葉段,清洗乾淨,再切成小段,曬乾,並置於烘乾機內,如茶葉一般烘乾至出現香氣,或者用鐵鍋不斷地加熱翻炒,秤重定量,倒入發酵罐備用。

2 將砂糖加水,用小火煮融化。砂糖水放冷至 30℃時,倒入發酵罐中,或不必溶解糖就直接倒入發酵罐中,再加 3 台斤水入缸,拌溶。

4 將烘炒過的山蘇葉、糖水、酵母菌混合均勻,放入發酵酒缸(或櫻桃罐)中發酵。

〈 注意事項 〉

◆ 牛蒡酒的釀製亦雷
同，牛蒡須清洗、
晾乾、切片，再烘
乾或炒乾利用。

5 第一天用封口棉布
封口，採好氧發酵。
第二天起改用塑膠
布蓋好罐口，採厭
氧發酵，外用橡皮
筋套緊，約 45 天
後利用蒸餾設備蒸
酒。記得蒸餾時的
第一段要先去甲醇
再收酒。收酒至酒
精度 20 度左右就要
停止，低酒精度的
酒液收太多，整體
酒液會偏酸。

台灣山藥酒

台灣山藥的品種很多，人們普遍喜歡日式料理用的山藥，顏色雪白還可以生吃。2001年時，在汐止農會教學多次，在汐止山區接觸到很多種山藥的農民，他們同時種有很多品種的山藥，次級品常常賣不完也吃不掉，後來就用下面的方法釀造出山藥酒，而且蒸餾過會更好喝更安全。因為山藥切片或磨汁有黏稠性產生，而且有些生吃有微毒性，口舌會麻麻的，煮熟後就不會。釀山藥酒比釀地瓜酒要難處理，因為黏稠性會影響發酵，故初期要用攪拌來幫助發酵，又因為攪拌多次容易帶來雜菌汙染，所以要注意攪拌器的清潔。我們也曾用稻殼為輔料，將稻殼洗乾淨，開蓋煮過再用，以增加發酵時的透氣性。

 台灣山藥酒的釀製法

成品份量　23 台斤

製作所需時間　1 ～ 3 個月

材料　・山藥 23 台斤（2 斗）（13800g）
　　　・砂糖 3.5 台斤（2100g）
　　　・米酒專用酒麴 80g

工具　7 斗發酵桶 1 個、
　　　封口布 1 個、
　　　塑膠袋 1 個、
　　　橡皮筋 1 條

步驟

1 將山藥用水洗乾淨，削皮切片。

2 將山藥片加入水，淹過山藥片蒸煮熟透。可用燜透的方式達到鬆 Q 又不結塊或稀爛的狀態為最佳。

3 準備好酒麴，磨成均勻的細粉，以方便山藥能均勻接觸到菌粉為原則。

4 將蒸好的山藥原料，連水直接放置於容積 7 斗大的塑膠桶內，或在桌面放涼或攤平，或吹冷後，再放入 7 斗大的塑膠桶備用。

5 等到煮熟之山藥降冷至溫度 30℃時，將酒麴放入 7 斗大的塑膠桶與山藥混勻鋪平。

6 再用透氣白布蓋桶口，外用橡皮材質繩套緊，注意保溫在 30℃左右。

7 如果沒有連汁一起發酵，只用山藥片，約 72 小時後，即需加第一次水，加水量 6 公斤，不要去攪動酒糟以免破壞菌象。隔 12 小時後再加第二次水 6 公斤，再隔 12 小時加第三次水 6 公斤，此時可攪動酒糟混勻。（2 斗山藥共加 18 公斤的水）。通常我會在煮山藥片時，一次就加入 2 倍的水，以後就不再加水。

8 發酵期約為 15 ～ 20 天，冬天溫度較低，發酵時間需長些，夏天溫度高，發酵時間太長容易變酸。

〈 注意事項 〉

佈麴技巧

- 佈麴入缸 24 小時後，即可觀察到山藥原料表面及周圍會出水，此是山藥澱粉物質被黴菌糖化及液化的現象，至發酵72小時已完成大部份的糖化。故此時出水之含糖分很高。發酵中途必要時可加糖增加酒精度。

- 酒麴的選用如果用得恰當及適量，則沒有霉味產生，而且發酵快出酒率高。

- 發酵溫度太高或太低都不適合酒麴之生長。發酵期溫度管理很重要。發酵完成後，即可利用天鍋蒸餾。2 斗量大約需 3 個多小時的蒸餾時間。其蒸餾時間依設備而定，原則是大火煮滾，小火蒸餾。

滅菌技巧

- 加水一起發酵，加水用乾淨之水為原則。加水的目的，除了稀釋酒糟糖度以利酒用微生物作用外，另有降溫作用及避免蒸餾時的燒焦作用。加水量以山藥量的 2 倍為原則，加少在蒸餾時可能容易燒焦；加多則在蒸餾時容易浪費能源。

- 釀酒容器及發酵桶一定要洗乾淨，不能有油的殘存，否則會失敗。

風味判斷

- 好的酒醪應該有淡淡的酒香及甜度。

甜菜根酒

甜菜根是塊狀的蔬菜，採收洗淨削皮再用，汁與肉為鮮紫色，非常有特色。由於甜度夠，用釀造或用浸泡製酒皆行，係屬甜酒系列。我個人較喜歡用浸泡方式，如果每天搖動一次，約 10 天就可以過濾出來飲用，色澤非常漂亮，如果不說明，很多人猜不出是甚麼酒。

甜菜根酒的釀製法

成品份量　600cc

製作所需時間　1個月

材料　·甜菜根1台斤（600g）

　　　·砂糖 4 兩（150g）

　　　·冷開水 600cc

　　　·酒用酵母 0.5g（菌數 10^8 以上）

工具　發酵罐（1800 cc）1 個

　　　封口布 1 個

　　　塑膠袋 1 個

　　　橡皮筋 1 條

步驟

1 將甜菜根去蒂頭，削皮切片或切丁（或榨汁，只用甜菜根汁），放置於發酵用罐備用。

2 先用糖度計測量甜菜根汁糖度，用糖度 25 度減去甜菜根汁糖度，等於須補足的糖度，換算成需加入的砂糖量。

3 將砂糖加水，用小火煮融化。砂糖水放冷至 35℃ 時，倒入發酵罐中，或直接將糖（不必溶解）倒入發酵罐中。

4 將酒用水果活性乾酵母菌依程序活化復水備用。

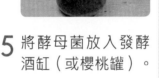

5 將酵母菌放入發酵酒缸（或櫻桃罐）。

6 第一天用封口棉布封口，採好氧發酵。第二天起改用塑膠布蓋好罐口，採厭氧發酵，外用橡皮筋套緊，約 30 天即可開封飲用。

🍂 方法二：用40度米酒或食用酒精浸泡

材料　甜菜根半斤（300g）
　　　冰糖（或砂糖）200g
　　　40度米酒0.9公升（900 cc）

工具　發酵罐（1800 cc）1個
　　　封口布1個
　　　塑膠袋1個
　　　橡皮筋1條

步驟

1 將甜菜根洗淨、削皮、瀝乾、去蒂頭切片，放置酒缸備用。

2 將冰糖和米酒也倒入酒缸（或櫻桃罐）混勻，用塑膠布蓋好罐口，外用蓋子蓋好，密封於陰涼處。

3 浸泡20天時，用過濾袋過濾後，酒汁裝於細口瓶，以免酒質混濁。

地瓜酒

　　在物質缺乏的日據時代，台灣民間生產相當多量的地瓜酒，直到最近幾年日本非常風行才又傳回台灣。由於地瓜品種很多，香氣不一，釀酒時要注意原料的選擇。早期用民間所謂的琉球種的黃地瓜，現在用台農 57 號品種，釀出來的酒都有一定水準。後來發現能讓人回味的烤地瓜所使用之品種，也是用來釀酒的好選擇。釀地瓜酒比釀山藥酒要好處理，因為黏稠性較少，比較不會影響發酵，故初期只要用攪拌來幫助發酵就可以，又因為攪拌多次容易帶來雜菌汙染，所以要注意攪拌器的清潔。我們也曾同樣用稻殼為輔料，將稻殼洗乾淨，開蓋煮過再用，以增加發酵時的透氣性。發酵完成時再一起蒸餾，效果不錯。

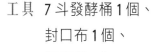 地瓜酒的釀製法：用專用熟料用酒麴當菌種

成品份量　23 台斤

製作所需時間　1～3 個月

材料　·地瓜 23 台斤（2 斗）（13800g）
　　　·砂糖 3.5 台斤（2100g）
　　　·熟料用專用酒麴 69g

工具　7 斗發酵桶 1 個、
　　　封口布 1 個、
　　　塑膠袋 1 個、
　　　橡皮筋 1 條

步驟

2 將外皮洗淨好的地瓜塊丁加入 2 倍水（46 台斤），淹過地瓜丁蒸煮熟透。煮熟後地瓜仍能達到鬆 Q 又不結塊或稀爛為適中。

1 將地瓜去頭去尾，挖掉牙眼，用水洗乾淨，連皮切丁。

3 將蒸好的地瓜原料連水直接放置於容積 7 斗大的塑膠桶內。準備好定量酒麴。

4 一定要等到煮熟之地瓜水降冷至溫度 30 ～ 35℃ 時，才將酒麴放入 7 斗大的塑膠桶與地瓜水混勻。30 ～ 35℃ 的溫度可加速酒麴發酵。

5 再用透氣白布蓋桶口，外用橡皮材質繩套緊，注意保溫在 30℃ 左右。

7 發酵期約為 15 ～ 20 天，冬天溫度較低發酵時間需長些，夏天溫度高，發酵時間太長容易變酸。

6 第二天即需做第一次攪拌，不要過度去攪動酒醪以免破壞菌象。隔 24 小時後再攪拌第二次，此次後皆須改用厭氧發酵，再隔 24 小時再攪拌第三次，仍採厭氧發酵。

〈 注意事項 〉

佈麴技巧

◆ 佈麴入缸 24 小時後，即可觀察到地瓜原料及表面的水，以此判斷地瓜澱粉物質是否被黴菌糖化及液化的現象，至發酵 72 小時已完成大部份的糖化。故此時出水之含糖分很高。發酵中途必要時可加糖來增加酒精度。

◆ 酒麴的選用如果用得恰當及適量，則沒有霉味產生，而且發酵快出酒率高。

◆ 發酵溫度太高或太低都不適合酒麴之生長。發酵期溫度管理很重要。發酵完成後，即可利用天鍋蒸餾。2 斗量大約需 3 小時多的蒸餾時間。其蒸餾時間依設備而定，原則是大火煮滾，小火蒸餾。

滅菌技巧

◆ 加水一起煮再發酵，加水用乾淨之水為原則。加水的目的除稀釋酒糟糖度以利酒用微生物作用外，另有降溫作用及避免蒸餾時的燒焦作用。加水量以地瓜量的 2 倍為原則，加少在蒸餾時可能容易燒焦，加多則在蒸餾時容易浪費能源。

◆ 釀酒容器及發酵桶一定要洗乾淨，不能有油的殘存。否則會失敗。

風味判斷

◆ 好的酒醪應該有淡淡的酒香及甜度。

苦瓜酒

苦瓜酒是農民利用過剩的新鮮苦瓜，經過加工處理而釀製的一種蔬菜
酒，也是典型的一種蔬菜釀酒方式。特色是蔬菜本身沒有太多的甜分，所
以利用外加補糖的方式及外加酵母菌發酵的作用而產生酒精。其中酒的風
味就來自蔬菜本身，像苦瓜即使用煮的或用炒的，本身都會有苦味及回甘
味的產生，用在釀酒時，這些味道也會存在於蒸餾過後的苦瓜酒，所以蔬
菜酒適合小杯淺嘗，而不適合乾杯，比較像藥酒，用於保健用。

苦瓜酒，我們並不喜歡它的苦味，但喜歡它的甘味，所以釀苦瓜酒的
重點是先汆燙去苦味，順便做原料滅菌步驟，然後再補足糖分，等放涼時
加入已經活化的酵母菌即可。也可以在補足糖分時改加入糖水。發酵後較
少人做成釀造酒，大都直接蒸餾成高濃度的蒸餾酒。許多蔬果酒是低酒精
濃度的釀造酒，其風味香氣較普通，一旦蒸餾成高度酒，其香氣或特點反
而能呈現出來，保存也較方便。

🍶 苦瓜酒的釀製法

成品份量　1000cc

製作所需時間　1～3個月

材料　·新鮮苦瓜1公斤（1000g）
　　　·砂糖 250g
　　　·冷開水 1000cc
　　　·水果酵母菌 0.5g

工具　發酵罐（1800cc）1個
　　　封口布1個
　　　塑膠袋1個
　　　橡皮筋1條

步驟

1　將苦瓜清洗去蒂頭，對半剖開，用鐵湯匙將籽及皮囊刮掉，而且要刮乾淨，再切成一小段一小段備用。

糖,再用冷開水補足
水量,仍太燙時,就
降溫至 35℃ 時再加酵
母菌活化,比較不會
出差錯。

2 煮滾水,將切片段之
苦瓜汆燙去苦澀味,
撈起放於發酵罐中,
趁熱加入砂糖拌勻,
放涼備用。

3 將水果酵母菌 0.5g,
加入 5cc、溫度 35 ～
38℃、糖度 2 度的混
勻糖水中,活化 30
分鐘,再倒入已調整
糖分的苦瓜原料中。
一般酵母菌活化都會
建議用 10 倍低度糖
水活化,但因水量太
少,粘量筒壁就粘
掉,可用 20 倍或 30
倍的糖水來做酵母菌
活化。至於 2 ～ 3 度
糖水,如果沒有糖度
計也很難調,可以加
入 3 ～ 5 粒砂糖讓
它溶解即可。通常會
用一點點開水先溶解

4 第一天採用好氧發酵，讓發酵罐內活化後的酵母菌增殖，第二天攪拌後，改用厭氧發酵，開始強迫酵母菌工作，此時酵母菌就會吃糖轉成酒精。如果每天去量糖度就會發現發酵罐中的糖度逐日減少，而酒精味日益增強。理論上當糖度降至剩下3度時即可蒸餾，一般實務上是看發酵罐內的澄清度，上面液體澄清，原料都已下沉，不再產生氣泡，表示已無糖份殘留，就可以蒸餾。

〈 注意事項 〉

◆ 在正統的釀酒中較少蔬菜酒，由於研究較少，所以標準只有自己去拿捏，若喜歡就多做幾次，自己訂出一套操作標準。人們看到的是可以喝的酒，至於好喝或不好喝，有沒有特色較重要。

◆ 有很多人做苦瓜酒，是直接在苦瓜生產初期套袋時，將小苦瓜塞入透明容器中，吊在苦瓜棚中，讓苦瓜在瓶中長大到喜歡的大小時即剪掉苦瓜蒂頭，然後再將40度酒倒滿瓶中，成為好看又好喝的苦瓜酒，非常有特色，也非常討喜。

蜂蜜酒

蜂蜜酒是一種很有特色的酒，真實的蜂蜜酒成本較高，如果沒搞懂，很難做成功。市場上喜歡蒸餾過的蜂蜜酒，很少出現釀造的蜂蜜酒，很可能蒸餾過的蜂蜜酒可以保存百年不壞。

蜂蜜在釀酒、釀醋上，一定要先經過一道關鍵的滅菌手續。因為蜂蜜中含有太多的酵素，會干擾發酵進行，這個滅菌動作是決定後續發酵是否成功的關鍵。第二個關鍵在於調糖度，蜂蜜一般都會經過濃縮，糖度達到 55 度或 75 度，如果沒有測高糖度的甜度計就無法精準調糖釀酒。

 蜂蜜酒的釀製法

成品份量　1800cc

製作所需時間　1.5 ～ 3 個月

材料　·蜂蜜 1 台斤（600g）
　　　　（糖度約 55 度）

　　　·熱水 1320 ～ 1500cc
　　　　（蜂蜜的 2.2 ～ 2.5 倍）

　　　·酒用酵母 1g（菌數 10^8 以上）

工具　發酵罐（1800 cc）1 個
　　　封口布 1 個
　　　塑膠袋 1 個
　　　橡皮筋 1 條

步驟

1 將蜂蜜秤重、測糖
度,放置於發酵罐
備用。

2 先用糖度計測量蜂蜜
糖度,用蜂蜜糖度
55 度除以預定發酵
糖度 25 度,等於須
補足的水為 2.2～2.5
倍的量,換算成需加
水調糖量。

3 將換算好要稀釋的
水加熱煮滾,倒入
放好蜂蜜的發酵罐
中。用滾水將蜂蜜
殺菌,順便稀釋蜂
蜜汁調整糖度,邊
倒熱水要邊攪拌均
勻,最後用餘熱將
雜菌及酵素殺死。

4 將酒用水果活性乾
酵母菌依程序活化
復水備用。

5 放涼降至 30℃ 時,
將已先活化好的酵
母菌混勻,放入發
酵用酒缸(或櫻桃
罐)中。

7 一般民間因釀造酒
保存不易，常將釀
造蜂蜜酒直接蒸餾
成 40 度以上的蜂蜜
蒸餾酒，香氣濃郁
好保存。

6 第一天用封口棉布
封口，採好氧發酵。
第二天起改用塑膠
布蓋好罐口，採厭
氧發酵，外用橡皮
筋套緊，約 45 天即
可開封、過濾澄清、
飲用。

Appendix

附錄

酒精度與溫度校正表

溶液溫度 (°C)	酒精計示值															
	0	0.5	1.0	1.5	2.0	2.5	3.0	3.5	4.0	4.5	5.0	5.5	6.0	6.5	7.0	7.5
	溫度20°C時用容積百分數表示的酒精濃度															
10	0.8	1.3	1.8	2.4	2.9	3.4	3.9	4.4	5.0	5.5	6.0	6.5	7.1	7.6	8.2	8.7
11	0.8	1.3	1.8	2.3	2.8	3.3	3.9	4.4	4.9	5.4	6.0	6.5	7.0	7.6	8.1	8.6
12	0.7	1.2	1.7	2.2	2.8	3.3	3.8	4.3	4.8	5.4	5.9	6.4	6.9	7.5	8.0	8.5
13	0.7	1.2	1.7	2.2	2.7	3.2	3.7	4.2	4.8	5.3	5.8	6.3	6.8	7.4	7.9	8.4
14	0.6	1.1	1.6	2.1	2.6	3.1	3.6	4.2	4.7	5.2	5.7	6.2	6.7	7.3	7.8	8.3
15	0.5	1.0	1.5	2.0	2.5	3.0	3.6	4.1	4.6	5.1	5.6	6.1	6.6	7.2	7.7	8.2
16	0.4	0.9	1.4	1.9	2.4	2.9	3.4	4.0	4.5	5.0	5.5	6.0	6.5	7.0	7.6	8.1
17	0.3	0.8	1.3	1.8	2.3	2.8	3.4	3.9	4.4	4.9	5.4	5.9	6.4	6.9	7.4	8.0
18	0.2	0.7	1.2	1.7	2.2	2.7	3.2	3.7	4.2	4.8	5.3	5.8	6.2	6.8	7.3	7.8
19	0.1	0.6	1.1	1.6	2.1	2.6	3.1	3.6	4.1	4.6	5.2	5.6	6.1	6.6	7.2	7.6
20	0.0	0.5	1.0	1.5	2.0	2.5	3.0	3.5	4.0	4.5	5.0	5.5	6.0	6.5	7.0	7.5
21		0.4	0.9	1.4	1.9	2.4	2.9	3.4	3.9	4.4	4.8	5.4	5.8	6.3	6.8	7.3
22		0.2	0.7	1.2	1.7	2.2	2.7	3.2	3.7	4.2	4.7	5.2	5.7	6.2	6.7	7.2
23		0.1	0.6	1.1	1.6	2.1	2.6	3.1	3.6	4.1	4.6	5.0	5.5	6.1	6.6	7.0
24		0.0	0.4	0.9	1.4	1.9	2.4	2.9	3.4	3.9	4.4	4.9	5.4	5.8	6.3	6.8
25			0.3	0.8	1.3	1.8	2.3	2.8	3.2	3.7	4.2	4.7	5.2	5.7	6.2	6.6
26			0.1	0.6	1.1	1.6	2.1	2.6	3.1	3.6	4.0	4.5	5.0	5.5	6.0	6.4
27			0.0	0.4	1.0	1.4	1.9	2.4	2.9	3.4	3.9	4.3	4.8	5.3	5.8	6.3
28				0.3	0.8	1.3	1.8	2.2	2.7	3.2	3.7	4.2	4.6	5.1	5.6	6.1
29				0.2	0.6	1.1	1.6	2.1	2.5	3.0	3.6	4.0	4.4	4.9	5.4	5.8
30				0.1	0.4	0.9	1.4	1.9	2.4	2.8	3.3	3.8	4.2	4.7	5.2	5.6
31					0.2	0.7	1.2	1.7	2.2	2.6	3.1	3.6	4.0	4.5	5.0	5.4
32					0.1	0.6	1.1	1.6	2.1	2.6	3.0	3.4	3.8	4.3	4.8	5.2
33							0.9	1.4	1.9	2.4	2.8	3.2	3.7	4.2	4.7	5.1
34							0.8	1.3	1.8	2.2	2.6	3.0	3.5	4.0	4.5	4.9
35							0.6	1.1	1.6	2.0	2.4	2.8	3.3	3.8	4.3	4.8

酒精度與溫度校正表

酒 精 計 示 值																	
8.0	8.5	9.0	9.5	10.0	10.5	11.0	11.5	12.0	12.5	13.0	13.5	14.0	14.5	15.0	15.5	16.0	16.5
溫度 20 ℃ 時用容積百分數表示的酒精濃度																	
9.3	9.8	10.3	10.9	11.4	12.0	12.6	13.1	13.7	14.3	14.9	15.4	16.0	16.6	17.2	17.8	18.4	19.0
9.2	9.7	10.2	10.8	11.3	11.9	12.4	13.0	13.6	14.1	14.7	15.3	15.8	16.4	17.0	17.6	18.2	18.8
9.1	9.6	10.1	10.7	11.2	11.8	12.3	12.8	13.4	14.0	14.5	15.1	15.7	16.2	16.8	17.4	18.0	18.5
9.0	9.5	10.0	10.6	11.1	11.6	12.2	12.7	13.2	13.8	14.4	14.9	15.5	16.0	16.6	17.2	17.7	18.3
8.9	9.4	9.9	10.4	11.0	11.5	12.0	12.5	13.1	13.6	14.2	14.7	15.3	15.8	16.4	16.9	17.5	18.0
8.8	9.3	9.8	10.3	10.8	11.3	11.9	12.4	12.9	13.5	14.0	14.5	15.1	15.6	16.2	16.7	17.2	17.8
8.6	9.1	9.6	10.2	10.7	11.2	11.7	12.2	12.8	13.3	13.8	14.3	14.9	15.4	15.9	16.5	17.0	17.5
8.5	9.0	9.5	10.0	10.5	11.0	11.5	12.1	12.6	13.1	13.6	14.1	14.7	15.2	15.7	16.2	16.8	17.3
8.3	8.9	9.3	9.8	10.4	10.9	11.4	11.9	12.4	12.9	13.4	13.9	14.4	15.0	15.5	16.0	16.5	17.0
8.2	8.7	9.2	9.7	10.2	10.7	11.2	11.7	12.2	12.7	13.2	13.7	14.2	14.7	15.2	15.8	16.3	16.8
8.0	8.5	9.0	9.5	10.0	10.5	11.0	11.5	12.0	12.5	13.0	13.5	14.0	14.5	15.0	15.5	16.0	16.5
7.8	8.3	8.8	9.3	9.8	10.3	10.8	11.3	11.8	12.3	12.8	13.3	13.8	14.3	14.8	15.2	15.7	16.2
7.7	8.2	8.6	9.1	9.6	10.1	10.6	11.1	11.6	12.1	12.6	13.1	13.6	14.0	14.5	15.0	15.5	16.0
7.5	8.0	8.4	8.9	9.4	9.9	10.4	10.9	11.4	11.8	12.3	12.8	13.3	13.8	14.3	14.7	15.2	15.7
7.3	7.8	8.3	8.8	9.2	9.7	10.2	10.7	11.2	11.6	12.1	12.6	13.1	13.5	14.0	14.5	15.0	15.4
7.1	7.6	8.1	8.6	9.0	9.5	10.0	10.4	10.9	11.4	11.9	12.4	12.8	13.3	13.8	14.2	14.7	15.2
6.9	7.4	7.9	8.3	8.8	9.3	9.8	10.2	10.7	11.2	11.7	12.1	12.6	13.0	13.5	14.0	14.4	14.9
6.7	7.2	7.7	8.1	8.6	9.1	9.5	10.0	10.5	10.9	11.4	11.9	12.3	12.8	13.2	13.7	14.2	14.6
6.5	7.0	7.5	7.9	8.4	8.9	9.3	9.8	10.3	10.7	11.2	11.6	12.1	12.6	13.0	13.4	13.9	14.4
6.3	6.8	7.2	7.7	8.2	8.6	9.1	9.5	10.0	10.5	10.9	11.4	11.8	12.3	12.7	13.2	13.6	14.1
6.1	6.6	7.0	7.5	7.9	8.4	8.9	9.3	9.8	10.2	10.7	11.1	11.6	12.0	12.5	12.9	13.4	13.8
5.9	6.4	6.8	7.2	7.7	8.2	8.7	9.2	9.6	10.0	10.5	11.0	11.4	11.8	12.2	12.6	13.1	13.5
5.7	6.2	6.6	7.0	7.5	8.0	8.5	9.0	9.4	9.8	10.2	10.6	11.0	11.6	12.0	12.4	12.9	13.2
5.5	6.0	6.4	6.8	7.3	7.8	8.3	8.7	9.1	9.6	10.0	10.4	10.9	11.4	11.8	13.2	12.6	13.0
5.3	5.8	6.2	6.6	7.1	7.6	8.1	8.5	8.9	9.4	9.8	10.2	10.6	11.0	11.5	12.0	12.4	12.8
5.2	5.6	6.0	6.4	6.8	7.4	7.9	8.3	8.7	9.2	9.6	10.0	10.4	10.8	11.2	11.6	12.1	12.4

酒精度與溫度校正表

溶液溫度(°C)	酒精計示值 溫度20°C時用容積百分數表示的酒精濃度															
	17.0	17.5	18.0	18.5	19.0	19.5	20.0	20.5	21.0	21.5	22.0	22.5	23.0	23.5	24.0	24.5
10	19.6	20.2	20.8	21.4	22.0	22.5	23.1	23.7	24.3	24.8	25.4	26.0	26.6	27.1	27.7	28.2
11	19.4	20.0	20.5	21.1	21.7	22.2	22.8	23.4	23.9	24.5	25.0	25.6	26.2	26.7	27.3	27.8
12	19.1	19.7	20.2	20.8	21.4	21.9	22.5	23.0	23.6	24.2	24.7	25.3	25.8	26.4	26.9	27.4
13	18.8	19.4	20.0	20.5	21.1	21.6	22.2	22.7	23.3	23.8	24.4	24.9	25.4	26.0	26.5	27.1
14	18.6	19.1	19.7	20.2	20.8	21.3	21.9	22.4	23.0	23.5	24.0	24.6	25.1	25.6	26.2	26.7
15	18.3	18.9	19.4	20.0	20.5	21.0	21.6	22.1	22.6	23.1	23.7	24.2	24.7	25.3	25.8	26.3
16	18.1	18.6	19.2	19.7	20.2	20.7	21.4	21.8	22.3	22.8	23.4	23.8	24.4	24.9	25.4	25.9
17	17.8	18.3	18.9	19.4	19.9	20.4	20.9	21.4	22.0	22.5	23.0	23.5	24.0	24.5	25.1	25.6
18	17.6	18.1	18.6	19.1	19.6	20.1	20.4	21.1	21.6	22.1	22.6	23.2	23.8	24.2	24.9	25.2
19	17.3	17.8	18.3	18.8	19.3	19.8	20.3	20.8	21.3	21.8	22.3	22.8	23.3	23.8	24.4	24.8
20	17.0	17.5	18.0	18.5	19.0	19.5	20.0	20.5	21.0	21.5	22.0	22.5	23.0	23.5	24.0	24.5
21	16.7	17.2	17.7	18.2	18.7	19.2	19.7	20.2	20.7	21.2	21.7	22.2	22.6	23.1	23.6	24.1
22	16.5	17.0	17.4	17.9	18.4	18.9	19.4	19.9	20.4	20.8	21.3	21.8	22.3	22.8	23.3	23.8
23	16.2	16.6	17.1	17.6	18.1	18.6	19.0	19.5	20.0	20.5	21.0	21.5	22.0	22.4	22.9	23.4
24	15.9	16.4	16.9	17.3	17.8	18.3	18.7	19.2	19.7	20.2	20.7	21.1	21.6	22.1	22.6	23.1
25	15.6	16.1	16.6	17.0	17.5	18.0	18.4	18.9	19.4	19.8	20.3	20.8	21.3	21.8	22.2	22.7
26	15.4	15.8	16.3	16.7	17.2	17.6	18.1	18.6	19.0	19.5	20.0	20.5	20.9	21.4	21.9	22.4
27	15.1	15.5	16.0	16.4	16.9	17.3	17.8	18.2	18.7	19.2	19.6	20.1	20.6	21.0	21.5	22.0
28	14.8	15.2	15.7	16.1	16.6	17.0	17.5	17.9	18.4	18.8	19.3	19.8	20.2	20.7	21.2	21.6
29	14.5	15.0	15.4	15.8	16.3	16.7	17.2	17.6	18.0	18.5	19.0	19.4	19.9	20.4	20.8	21.3
30	14.2	14.7	15.1	15.5	16.0	16.4	16.8	17.3	17.7	18.2	18.6	19.1	19.6	20.0	20.5	20.9
31	13.9	14.4	14.8	15.2	15.7	16.1	16.5	17.0	17.4	17.8	18.3	18.8	19.3	19.8	20.2	20.6
32	13.6	14.0	14.5	15.0	15.4	15.8	16.2	16.6	17.0	17.4	17.9	18.4	18.9	19.4	19.8	20.2
33	13.4	13.8	14.2	14.6	15.1	15.4	15.8	16.2	16.7	17.2	17.6	18.1	18.6	19.0	19.4	19.8
34	13.1	13.5	13.9	14.4	14.8	15.2	15.5	16.0	16.4	16.8	17.2	17.7	18.2	18.6	19.1	19.6
35	12.8	13.2	13.6	14.0	14.5	14.8	15.2	15.6	16.0	16.4	16.9	17.4	17.9	18.4	18.8	19.2

酒精度與溫度校正表

酒 精 計 示 值																	
25.0	25.5	26.0	26.5	27.0	27.5	28.0	28.5	29.0	29.5	30.0	30.5	31.0	31.5	32.0	32.5	33.0	33.5
溫度 20 ℃ 時用容積百分數表示的酒精濃度																	
28.8	29.3	29.9	30.4	31.0	31.5	32.0	32.6	33.1	33.6	34.1	34.6	35.1	35.6	36.1	36.6	37.1	37.6
28.4	28.9	29.5	30.0	30.6	31.1	31.6	32.1	32.7	33.2	33.7	34.2	34.7	35.2	35.7	36.2	36.7	37.2
28.0	28.5	29.1	29.6	30.2	30.7	31.2	31.7	32.2	32.8	33.3	33.8	34.2	34.8	35.3	35.8	36.3	36.8
27.6	28.2	28.7	29.2	29.7	30.3	30.8	31.3	31.8	32.3	32.8	33.4	33.9	34.4	34.9	35.4	35.9	36.4
27.2	27.8	28.3	28.8	29.3	29.9	30.4	30.9	31.4	31.9	32.4	33.0	33.5	34.0	34.4	35.0	35.4	35.9
26.8	27.4	27.9	28.4	28.9	29.5	30.0	30.5	31.0	31.5	32.0	32.5	33.0	33.5	34.0	34.5	35.0	35.5
26.5	27.0	27.5	28.0	28.6	29.0	29.6	30.1	30.6	31.1	31.6	32.1	32.6	33.1	33.6	34.1	34.6	35.1
26.1	26.6	27.2	27.6	28.1	28.6	29.5	29.7	30.2	30.7	31.2	31.7	32.2	32.7	33.2	33.7	34.2	34.7
25.7	26.2	26.8	27.2	27.8	28.3	28.8	29.3	29.8	30.3	30.8	31.3	31.8	32.3	32.8	33.3	33.8	34.3
25.4	25.9	26.4	26.9	27.4	27.9	28.4	28.9	29.4	29.9	30.4	30.9	31.4	31.9	32.4	32.9	33.4	33.9
25.0	25.5	26.0	26.5	27.0	27.5	28.0	28.5	29.0	29.5	30.0	30.5	31.0	31.5	32.0	32.5	33.0	33.5
24.6	25.1	25.6	26.1	26.6	27.1	27.6	28.1	28.6	29.1	29.6	30.1	30.6	31.1	31.6	32.0	32.6	33.1
24.3	24.8	25.3	25.8	26.2	26.7	27.2	27.7	28.2	28.7	29.2	29.7	30.2	30.7	31.2	31.7	32.2	32.7
23.7	24.4	24.9	25.4	25.8	26.3	26.8	27.3	27.8	28.3	28.8	29.3	29.8	30.3	30.8	31.3	31.8	32.3
23.5	24.0	24.5	25.0	25.5	26.0	26.4	26.9	27.4	27.9	28.4	28.9	29.4	29.9	30.4	30.9	31.4	31.9
23.2	23.7	24.1	24.6	25.1	25.6	26.1	26.6	27.0	27.5	28.0	28.5	29.0	29.5	30.0	30.5	31.0	31.5
22.8	23.3	23.8	24.2	24.7	25.2	25.7	26.2	26.6	27.1	27.6	28.1	28.6	29.1	29.6	30.0	30.6	31.0
22.5	22.9	23.4	23.9	24.4	24.8	25.3	25.8	26.3	26.7	27.2	27.7	28.2	28.7	29.2	29.6	30.2	30.6
22.1	22.6	23.0	23.5	24.0	24.4	24.9	25.4	25.9	26.4	26.8	27.3	27.8	28.3	28.8	29.2	29.7	30.2
21.8	22.2	22.7	23.2	23.6	24.1	24.6	25.0	25.5	26.0	26.4	26.9	27.4	27.9	28.4	28.8	29.4	29.8
21.4	21.9	22.3	22.8	23.2	23.7	24.2	24.6	25.1	25.6	26.1	26.5	27.0	27.5	28.0	28.4	28.9	29.4
21.0	21.4	21.9	22.4	22.8	23.3	23.8	24.2	24.7	25.2	25.7	26.2	26.6	27.1	27.6	28.0	28.5	29.0
20.7	21.2	21.6	22.0	22.4	22.9	23.4	23.8	24.3	24.8	25.3	25.8	26.2	26.7	27.2	27.6	28.1	28.6
20.3	20.8	21.2	21.6	22.0	22.6	23.1	23.5	23.9	24.4	24.9	25.4	25.8	26.3	26.8	27.2	27.7	28.2
20.0	20.4	20.8	21.2	21.7	22.2	22.7	23.1	23.5	24.0	24.5	25.0	25.4	25.9	26.4	26.8	27.3	27.8
19.6	20.0	20.4	20.8	21.3	21.8	22.3	22.8	23.2	23.7	24.2	24.6	25.0	25.5	26.0	26.4	26.8	27.3

酒精度與溫度校正表

溶液溫度 (°C)	酒精計示值															
	34.0	34.5	35.0	35.5	36.0	36.5	37.0	37.5	38.0	38.5	39.0	39.5	40.0	40.5	41.0	41.5
	溫度20°C時用容積百分數表示的酒精濃度															
10	38.1	38.6	39.1	39.6	40.1	40.6	41.0	41.6	42.0	42.5	43.0	43.5	44.0	44.5	45.0	45.5
11	37.7	38.2	38.7	39.2	39.6	40.2	40.6	41.1	41.6	42.1	42.6	43.1	43.6	44.1	44.6	45.1
12	37.3	37.8	38.2	38.7	39.2	39.7	40.2	40.7	41.2	41.7	42.2	42.7	43.2	43.7	44.2	44.7
13	36.8	37.3	37.8	38.3	38.8	39.3	39.8	40.3	40.8	41.3	41.8	42.3	42.8	43.3	43.8	44.3
14	36.4	36.9	37.4	37.9	38.4	38.9	39.4	39.9	40.4	40.9	41.4	41.9	42.4	42.9	43.4	43.9
15	36.0	36.5	37.0	37.5	38.0	38.5	39.0	39.5	40.0	40.5	41.0	41.5	41.0	42.5	43.0	43.5
16	35.5	36.1	36.5	37.1	37.6	38.1	38.6	39.1	39.6	40.2	40.6	41.1	41.8	42.1	42.6	43.1
17	35.2	35.7	36.2	36.9	37.2	37.7	38.2	38.7	39.2	39.7	40.2	40.7	41.2	41.7	42.2	42.7
18	34.8	35.3	35.8	36.3	36.8	37.3	37.8	38.3	38.8	39.3	39.8	40.3	40.8	41.3	41.8	42.3
19	34.4	34.9	35.4	35.9	36.4	36.9	37.4	37.9	38.4	38.9	39.4	39.9	40.4	40.9	41.4	41.8
20	34.0	34.5	35.0	35.5	36.0	36.5	37.0	37.5	38.0	38.5	39.0	39.5	40.0	40.5	41.0	41.5
21	33.6	34.1	34.6	35.1	35.6	36.1	36.6	37.1	37.6	38.1	39.6	38.7	39.6	40.1	40.6	41.1
22	33.2	33.7	34.2	34.7	35.2	35.7	36.2	36.7	37.2	37.7	38.2	38.5	39.2	39.8	40.2	40.7
23	32.8	33.3	33.8	34.3	34.8	35.3	35.8	36.3	36.8	37.3	37.8	38.3	38.8	39.3	39.5	40.1
24	32.2	32.9	33.4	33.9	34.4	34.9	35.4	35.9	36.4	36.9	37.4	37.9	38.4	38.9	39.4	39.9
25	32.0	32.5	33.0	33.5	34.0	34.5	35.0	35.5	36.0	36.5	37.0	37.5	38.0	38.5	39.0	39.5
26	31.6	32.0	32.5	33.1	33.6	34.1	34.6	35.1	35.6	36.1	36.6	37.1	37.6	38.1	38.6	39.1
27	31.2	31.6	32.2	32.7	33.2	33.7	34.2	34.7	35.2	35.7	36.2	36.7	37.2	37.7	38.2	38.7
28	30.7	31.2	31.7	32.2	32.8	33.2	33.8	34.3	34.8	35.3	35.8	36.3	36.8	37.3	37.8	38.3
29	30.3	30.8	31.3	31.8	32.3	32.8	33.4	33.9	34.4	34.9	35.4	35.9	36.4	36.9	37.4	37.9
30	29.9	30.4	30.9	31.4	32.0	32.4	33.0	33.5	34.0	34.5	35.0	35.5	36.0	36.5	37.0	37.5
31	29.5	30.0	30.5	31.0	31.6	32.1	32.6	33.1	33.6	34.1	34.6	35.1	35.6	36.1	36.6	37.1
32	29.1	29.6	30.1	30.6	31.2	31.7	32.2	32.7	33.2	33.7	34.2	34.7	35.2	35.7	36.2	36.7
33	28.7	29.2	29.7	30.2	30.8	31.3	31.8	32.3	32.8	33.3	33.8	34.3	34.8	35.3	35.8	36.3
34	28.3	28.8	29.3	29.8	30.4	30.9	31.4	31.9	32.4	32.9	33.4	33.9	34.4	34.9	35.4	35.9
35	27.8	28.3	28.8	29.4	30.0	30.5	31.0	31.5	32.0	32.5	33.0	33.5	34.0	34.5	35.0	35.5

酒精度與溫度校正表

酒 精 計 示 值																	
42.0	42.5	43.0	43.5	44.0	44.5	45.0	45.5	46.0	46.5	47.0	47.5	48.0	48.5	49.0	49.5	50.0	50.5
溫度 20 ℃ 時用容積百分數表示的酒精濃度																	
46.0	46.4	46.9	47.4	47.9	48.4	48.9	49.4	49.8	50.3	50.8	51.3	51.8	52.3	52.8	53.2	53.7	54.2
45.6	46.0	46.5	47.0	47.5	48.0	48.5	49.0	49.5	50.0	50.4	50.9	51.4	51.9	52.4	52.9	53.4	53.8
45.2	45.6	46.1	46.6	47.1	47.6	48.1	48.6	49.1	49.6	50.1	50.6	51.0	51.6	52.0	52.5	53.0	53.5
44.8	45.3	45.8	46.2	46.7	47.2	47.7	48.2	48.7	49.2	49.7	50.2	50.7	51.2	51.6	52.1	52.6	53.1
44.4	44.9	45.4	45.8	46.4	46.8	47.3	47.8	48.3	48.8	49.3	49.8	50.3	50.8	51.3	51.8	52.2	52.7
44.0	44.5	45.0	45.5	46.0	46.4	47.0	47.4	47.9	48.4	48.9	49.4	49.9	50.4	50.9	51.4	51.9	52.4
43.6	44.1	44.6	45.2	45.6	46.1	46.6	47.1	47.6	48.0	48.6	49.0	49.5	50.0	50.5	51.0	51.5	52.0
43.2	43.9	44.2	44.7	45.2	45.7	46.2	46.7	47.2	47.7	48.2	48.7	49.2	49.6	50.1	50.6	51.1	51.6
42.8	43.4	43.8	44.3	44.8	45.5	45.8	46.3	46.8	47.3	47.8	48.3	48.8	49.3	49.8	50.2	50.7	51.2
42.4	42.9	43.4	43.9	44.4	44.9	45.4	45.9	46.4	46.9	47.4	47.9	48.4	48.9	49.4	49.9	50.4	50.9
42.0	42.5	43.0	43.5	44.0	44.5	45.0	45.5	46.0	46.5	47.0	47.5	48.0	48.5	49.0	49.5	50.0	50.5
41.8	42.1	42.6	43.1	43.6	44.1	44.6	45.1	45.6	46.1	46.6	47.1	47.6	48.1	48.6	49.1	49.6	50.1
41.4	41.7	42.2	42.7	43.2	43.7	44.2	44.7	45.2	45.7	46.2	46.7	47.2	47.7	48.2	48.7	49.2	49.7
41.2	41.3	41.8	42.3	42.8	43.3	43.8	44.3	44.8	45.3	45.8	46.3	46.8	47.3	47.8	48.4	48.9	49.4
40.4	40.9	41.4	41.9	42.4	42.9	43.4	43.9	44.4	44.9	45.4	46.0	46.4	47.0	47.5	48.0	48.5	49.0
40.0	40.5	41.0	41.5	42.0	42.5	43.0	43.6	44.1	44.6	45.1	45.6	46.1	46.6	47.1	47.6	48.1	48.6
39.6	40.1	40.6	41.1	41.6	42.2	42.7	43.2	43.7	44.2	44.7	45.2	45.7	46.2	46.7	47.2	47.7	48.2
39.2	39.7	40.2	40.7	41.2	41.8	42.3	42.8	43.3	43.8	44.3	44.8	45.3	45.8	46.3	46.8	47.3	47.8
38.8	39.3	39.8	40.3	40.8	41.4	41.9	42.4	42.9	43.4	43.9	44.4	44.9	45.4	45.9	46.4	47.0	47.5
38.4	38.9	39.4	39.9	40.4	41.0	41.5	42.0	42.5	43.0	43.5	44.0	44.5	45.0	45.6	46.1	46.6	47.1
38.0	38.5	39.0	39.5	40.1	40.6	41.0	41.6	42.1	42.6	43.1	43.6	44.2	44.7	45.2	45.7	46.2	46.7
37.6	38.1	38.6	39.2	39.7	40.2	40.7	41.2	41.7	42.2	42.7	43.2	43.8	44.3	44.8	45.3	45.8	46.3
37.2	37.7	38.2	38.8	39.3	39.8	40.3	40.8	41.3	41.8	42.3	42.8	43.4	43.9	44.4	44.9	45.4	45.9
36.8	37.3	37.8	38.4	38.9	39.4	39.9	40.4	40.9	41.4	41.9	42.5	43.1	43.6	44.1	44.6	45.0	45.6
36.4	36.9	37.4	38.0	38.5	39.0	39.5	40.0	40.5	41.0	41.5	42.0	42.7	43.2	43.7	44.2	44.7	45.2
36.0	36.5	37.0	37.6	38.1	38.6	39.0	39.6	40.2	40.7	41.2	41.8	42.3	42.8	43.3	43.8	44.3	44.8

酒精度與溫度校正表

溶液溫度(°C)	酒精計示值															
	51.0	51.5	52.0	52.5	53.0	53.5	54.0	54.5	55.0	55.5	56.0	56.5	57.0	57.5	58.0	58.5
	溫度20°C時用容積百分數表示的酒精濃度															
10	54.7	55.2	55.7	56.2	56.6	57.1	57.6	58.1	58.6	59.1	59.6	60.0	60.5	61.0	61.5	62.0
11	54.3	54.8	55.3	55.8	56.3	56.8	57.2	57.7	58.2	58.7	59.2	59.7	60.2	60.7	61.2	61.6
12	54.0	54.5	55.0	55.4	55.9	56.4	56.9	57.4	57.9	58.4	58.9	59.4	59.8	60.3	60.8	61.3
13	53.6	54.1	54.6	55.1	55.6	56.0	56.5	57.0	57.5	58.0	58.5	59.0	59.5	60.0	60.5	61.1
14	53.2	53.7	54.2	54.7	55.2	55.7	56.2	56.7	57.2	57.7	58.2	58.6	59.1	59.6	60.1	60.6
15	52.9	53.4	53.9	54.4	54.8	55.3	55.8	56.3	56.8	57.3	57.8	58.3	58.8	59.3	59.8	60.2
16	52.5	53.0	53.5	54.0	54.5	55.0	55.5	56.0	56.4	56.9	57.4	57.9	58.4	58.9	59.4	59.9
17	52.1	52.6	53.1	53.6	54.4	54.5	55.1	55.6	56.1	56.3	57.1	57.6	58.2	58.6	59.1	59.6
18	51.7	52.2	52.7	53.2	53.7	54.0	54.7	55.2	55.7	56.2	56.7	57.3	47.7	58.5	58.7	59.3
19	51.4	51.9	52.4	52.9	53.4	53.9	54.4	54.9	55.4	56.1	56.4	56.9	57.4	57.8	58.4	58.8
20	51.0	51.5	52.0	52.5	53.0	53.5	54.0	54.5	55.0	55.5	56.0	56.5	57.0	57.5	58.0	58.5
21	50.6	51.1	51.6	52.1	52.6	53.1	53.6	54.1	54.6	55.1	55.6	56.1	56.6	57.1	57.6	58.1
22	50.2	50.7	51.2	51.8	52.2	52.8	53.3	53.8	54.3	54.8	55.3	55.8	56.3	56.8	57.2	58.8
23	49.9	50.4	50.9	51.4	51.9	52.4	52.9	53.4	53.9	54.4	54.9	55.4	55.8	56.4	56.9	58.4
24	49.5	50.0	50.5	51.0	51.5	52.0	52.5	53.0	53.5	54.0	54.5	55.0	55.6	56.1	56.6	56.0
25	49.1	49.6	50.1	50.6	51.1	51.6	52.2	52.6	53.2	53.7	54.2	54.7	55.2	55.7	56.2	56.7
26	48.7	49.2	49.7	50.2	50.8	51.3	51.8	52.3	52.8	53.3	53.8	54.3	54.8	55.3	55.8	56.4
27	48.3	48.8	49.4	49.9	50.4	50.9	51.4	51.9	52.4	52.9	53.4	54.0	54.5	55.0	55.5	56.0
28	48.0	48.5	49.0	49.5	50.0	50.5	51.0	51.5	52.1	52.6	53.1	53.6	54.1	54.6	55.1	55.6
29	47.6	48.1	48.6	49.1	49.6	50.2	50.7	51.2	51.7	52.2	52.7	53.2	53.7	54.2	54.8	55.3
30	47.2	47.7	48.2	48.8	49.3	49.8	50.3	50.8	51.3	51.8	52.3	52.9	53.4	53.9	54.4	54.9
31	46.8	47.3	47.8	48.4	48.9	49.4	49.9	50.4	50.9	51.4	51.9	52.4	53.0	53.5	54.0	54.5
32	46.4	46.9	47.4	48.0	48.5	49.0	49.6	50.1	50.6	51.1	51.6	52.2	52.7	53.2	53.7	54.2
33	46.1	46.6	47.1	47.6	48.2	48.7	49.2	49.7	50.2	50.7	51.2	51.8	52.3	52.8	53.3	53.8
34	45.7	46.2	46.7	47.2	47.8	48.3	48.8	49.3	49.8	50.3	50.8	51.4	51.9	52.4	53.0	53.5
5	45.3	45.8	46.3	46.8	47.4	48.0	48.5	49.0	49.5	50.0	50.5	51.0	51.6	52.1	52.6	53.1

酒精度與溫度校正表

酒精計示值																	
59.0	59.5	60.0	60.5	61.0	61.5	62.0	62.5	63.0	63.5	64.0	64.5	65.0	65.5	66.0	66.5	67.0	67.5
溫度20°C時用容積百分數表示的酒精濃度																	
62.5	63.0	63.5	63.9	64.4	64.9	65.4	65.9	66.4	66.9	67.4	67.8	68.3	68.8	69.3	69.8	70.3	70.8
62.1	64.6	63.1	63.6	64.1	64.6	65.1	65.6	66.0	66.5	67.0	67.5	68.0	68.5	69.0	69.5	70.0	70.5
61.8	62.3	62.8	63.3	63.8	64.2	64.7	65.2	65.7	66.2	66.7	67.2	67.7	68.2	68.7	69.2	69.7	70.1
61.4	61.9	62.4	62.9	63.4	63.9	64.4	64.9	65.4	65.9	66.4	66.8	67.4	67.8	68.3	68.8	69.3	69.8
61.1	61.6	62.1	62.6	63.1	63.6	64.1	64.6	65.0	65.5	66.0	66.5	67.0	67.5	68.0	68.5	69.0	69.5
60.8	61.2	61.5	62.2	62.7	63.2	63.7	64.2	64.7	65.2	65.7	66.2	66.7	67.2	67.7	68.2	68.6	69.1
62.4	60.9	61.4	61.9	62.4	62.9	63.4	63.6	64.4	64.8	65.4	65.8	66.3	66.8	67.3	67.8	68.3	68.8
62.0	60.5	61.0	61.5	62.0	62.5	63.0	63.5	64.0	64.5	65.0	65.5	66.0	66.5	67.0	67.5	68.0	68.5
59.2	60.2	60.9	61.2	61.7	62.2	62.7	63.2	63.7	64.2	64.7	65.2	65.7	66.2	66.7	67.2	67.7	68.2
59.4	59.8	60.4	60.8	61.3	61.8	62.3	62.8	63.3	63.8	64.3	64.8	65.3	65.8	66.3	66.8	67.3	67.8
59.0	59.5	60.0	60.5	61.0	61.5	62.0	62.5	63.0	63.5	64.0	64.5	65.0	65.5	66.0	66.5	67.0	67.5
58.8	59.1	59.6	60.1	60.6	61.2	61.6	62.2	62.6	63.2	63.6	64.2	64.6	65.2	65.7	66.2	66.7	67.2
58.2	58.8	59.3	59.8	60.3	60.8	61.3	61.8	62.3	62.8	63.3	63.8	64.3	64.8	65.3	65.8	66.3	66.8
57.9	58.4	58.9	59.4	60.0	60.4	61.0	61.5	62.0	62.5	63.0	63.5	64.0	64.5	65.0	65.5	66.0	66.5
57.6	58.1	58.6	59.1	59.6	60.1	60.6	61.1	61.6	62.1	62.6	63.1	63.6	64.1	64.5	65.2	65.6	66.2
57.2	57.7	58.2	58.7	59.2	59.8	60.3	60.8	61.3	61.8	62.3	62.8	63.3	63.8	64.3	64.8	65.3	65.8
56.9	57.4	57.9	58.4	58.9	59.4	59.9	60.4	60.9	61.4	61.9	62.4	63.0	63.5	64.0	64.5	65.0	65.5
56.5	57.0	57.5	58.0	58.5	59.0	59.6	60.1	60.6	61.1	61.6	62.1	62.6	63.1	63.6	64.1	64.6	65.2
56.1	56.6	57.2	57.7	58.2	58.7	59.2	59.7	60.2	60.7	61.2	61.8	62.3	62.8	63.3	63.8	64.3	64.8
55.8	56.3	56.8	57.3	57.8	58.3	58.8	59.4	59.9	60.4	60.9	61.4	61.9	62.4	62.9	63.5	64.0	64.5
55.4	55.9	56.4	57.0	57.5	58.0	58.5	59.0	59.5	60.0	60.6	61.1	61.6	62.1	62.6	63.1	63.6	64.1
55.0	55.5	56.1	56.6	57.2	57.6	58.1	58.6	59.2	59.8	60.3	60.8	61.3	61.8	62.3	62.8	63.3	63.8
54.7	55.2	55.7	56.2	56.8	57.3	57.8	58.3	58.8	59.4	59.9	60.4	60.9	61.4	61.9	62.4	62.9	63.4
54.3	54.8	55.3	55.9	56.5	57.0	57.4	58.0	58.5	59.0	59.6	60.1	60.6	61.1	61.6	62.1	62.6	63.1
54.0	54.5	55.0	55.6	56.1	56.6	57.1	57.6	58.1	58.6	59.2	59.7	60.2	60.7	61.2	61.7	62.2	62.7
53.6	54.1	54.6	55.2	55.8	56.2	56.7	57.2	57.8	58.4	58.9	59.4	59.9	60.4	60.9	61.4	61.9	62.4

酒精度與溫度校正表

溶液溫度（°C）	酒 精 計 示 值															
	68.0	68.5	69.0	69.5	70.0	70.5	71.0	71.5	72.0	72.5	73.0	73.5	74.0	74.5	75.0	75.5
	溫度20°C時用容積百分數表示的酒精濃度															
10	71.3	71.8	72.2	72.7	73.2	73.7	74.2	74.7	75.2	75.7	76.2	76.6	77.1	77.6	78.1	78.6
11	71.0	71.4	71.9	72.4	72.9	73.4	73.9	74.4	74.9	75.4	75.8	76.3	76.8	77.3	77.8	78.3
12	70.6	71.1	71.6	72.1	72.6	73.1	73.6	74.1	74.5	75.0	75.5	76.0	76.5	77.0	77.5	78.0
13	70.3	70.8	71.3	71.8	72.3	72.8	73.2	73.7	74.2	74.7	75.2	75.7	76.2	76.7	77.2	77.7
14	70.0	70.5	71.0	71.4	72.0	72.4	72.9	73.4	73.9	74.4	74.9	75.4	75.9	76.4	76.9	77.4
15	69.6	70.1	70.6	71.1	71.6	72.1	72.6	73.1	73.6	74.1	74.6	75.1	75.6	76.1	76.6	77.1
16	69.3	69.8	70.3	70.8	71.3	71.8	72.3	72.8	73.3	73.8	74.3	74.8	75.3	75.8	76.2	76.7
17	69.0	69.5	70.0	70.5	71.0	71.5	72.0	72.5	73.0	73.4	74.0	74.3	74.9	75.4	75.9	76.4
18	68.7	69.2	69.6	70.2	70.6	71.0	71.6	72.1	72.6	73.1	73.6	74.1	74.6	75.1	75.6	76.1
19	68.3	68.8	69.3	69.8	70.3	70.8	71.3	71.8	72.3	72.8	73.3	73.8	74.3	74.8	75.3	75.8
20	68.0	68.5	69.0	69.5	70.0	70.5	71.0	71.5	72.0	72.4	73.0	73.5	74.0	74.5	75.0	75.5
21	67.7	68.2	68.7	69.2	69.7	70.2	70.7	71.2	71.7	72.0	72.7	73.2	73.7	74.2	74.8	75.2
22	67.3	67.8	68.3	68.8	69.3	69.8	70.3	70.8	71.4	71.9	72.4	72.9	73.4	73.9	74.4	74.9
23	67.0	67.5	68.0	68.5	69.0	69.5	70.0	70.5	71.0	71.5	72.0	72.5	73.0	73.6	74.1	74.6
24	66.7	67.2	67.7	68.2	68.7	69.2	69.7	70.2	70.7	71.2	71.7	72.2	72.7	73.2	73.9	74.2
25	66.3	66.8	67.3	67.8	68.4	68.9	69.4	69.9	70.4	70.9	71.4	71.9	72.4	72.9	73.4	73.9
26	66.0	66.5	67.0	67.5	68.0	68.5	69.0	69.5	70.0	70.5	71.1	71.6	72.1	72.6	73.1	73.6
27	65.7	66.2	66.7	67.2	67.7	68.2	68.7	69.2	69.7	70.2	70.7	71.2	71.8	72.3	72.8	73.3
28	65.3	65.8	66.3	66.8	67.4	67.9	68.4	68.9	69.4	69.9	70.4	70.9	71.4	71.9	72.4	73.0
29	65.0	65.5	66.0	66.5	67.0	67.5	68.0	68.6	69.1	69.6	70.1	70.6	71.1	71.6	72.1	72.6
30	64.6	65.2	65.7	66.2	66.7	67.2	67.7	68.2	68.7	69.2	69.8	70.3	70.8	71.3	71.8	72.3
31	64.3	64.8	65.4	65.9	66.4	66.9	67.4	67.9	68.4	69.0	69.5	70.0	70.5	71.0	71.5	72.0
32	63.9	64.4	65.0	65.5	66.0	66.5	67.0	67.5	68.0	68.6	69.1	69.6	70.1	70.6	71.2	71.6
33	63.6	64.1	64.6	65.2	65.7	66.2	66.7	67.2	67.7	68.2	68.8	69.3	69.8	70.3	70.8	71.3
34	63.2	63.8	64.3	64.8	65.3	65.8	66.3	66.8	67.4	67.9	68.4	69.0	69.5	70.0	70.5	71.0
35	62.9	63.4	64.0	64.5	65.0	65.5	66.0	66.5	67.0	67.6	68.1	68.6	69.1	69.6	70.2	70.7

酒精度與溫度校正表

酒　精　計　示　值																	
76.0	76.5	77.0	77.5	78.0	78.5	79.0	79.5	80.0	80.5	81.0	81.5	82.0	82.5	83.0	83.5	84.0	84.5
溫度 20 ˚C 時用容積百分數表示的酒精濃度																	
79.1	79.6	80.0	80.5	81.0	81.5	82.0	82.5	83.0	83.4	83.9	84.4	84.9	85.3	85.8	86.3	86.8	87.3
78.8	79.3	79.7	80.2	80.7	81.2	81.7	82.2	82.7	83.1	83.6	84.1	84.6	85.1	85.6	86.0	86.5	87.0
78.5	79.0	79.4	79.9	80.4	80.9	81.4	81.9	82.4	82.9	83.3	83.8	84.3	84.8	85.3	85.8	86.2	86.2
78.2	78.7	79.1	79.6	80.1	80.6	81.1	81.6	82.1	82.6	73.1	83.5	84.0	84.5	85.0	85.5	86.0	86.4
77.9	78.4	78.8	79.3	79.8	80.3	80.8	81.3	81.8	82.3	82.8	83.3	83.7	84.2	84.7	85.2	85.7	86.2
77.6	78.0	78.5	79.0	79.5	80.0	80.5	81.0	81.5	82.0	82.5	83.1	83.4	83.9	84.4	84.9	85.4	85.9
77.2	77.7	78.2	78.7	79.2	79.7	80.2	80.7	81.2	81.7	82.2	82.7	83.2	83.7	84.2	84.6	85.1	85.6
76.9	77.4	77.9	78.4	78.9	79.4	79.9	80.4	80.9	81.4	81.9	82.4	82.9	83.4	83.9	84.4	84.8	85.3
76.5	77.1	77.6	78.1	78.6	79.1	79.6	80.1	80.6	81.1	81.7	82.1	82.6	63.1	83.6	84.1	84.6	85.1
76.3	76.8	77.3	77.8	78.3	78.8	79.3	79.8	80.3	80.8	81.3	81.8	82.3	82.8	83.3	83.8	84.3	84.8
76.0	76.5	77.0	77.5	78.0	78.5	79.0	79.5	80.0	80.5	81.0	81.5	82.0	82.5	83.0	83.5	84.0	84.5
75.7	76.2	76.7	77.2	77.7	78.2	78.7	79.2	79.7	80.2	80.7	81.2	81.7	82.2	82.7	83.2	83.7	84.2
75.4	75.9	76.4	76.9	77.4	77.9	78.4	78.9	79.4	79.9	80.4	80.9	81.4	81.9	82.4	82.9	83.4	83.9
75.1	75.6	76.1	76.6	77.1	77.6	78.1	78.6	79.1	79.6	80.1	80.6	81.1	81.6	82.1	82.6	83.1	83.6
74.7	75.2	75.8	76.3	76.8	77.3	77.8	78.3	78.8	79.3	79.8	80.3	80.8	81.3	81.8	82.3	82.8	83.3
74.4	74.9	75.4	75.9	76.4	77.0	77.5	78.0	78.5	79.0	79.5	80.0	80.5	81.0	81.5	82.0	82.5	83.0
74.1	74.6	75.1	75.6	76.1	76.6	77.2	77.7	78.2	78.7	79.2	79.9	80.2	80.7	81.2	81.7	82.2	82.8
73.8	74.3	74.8	75.3	75.8	76.3	76.8	77.4	77.9	78.4	78.9	79.4	79.9	80.4	80.9	81.4	81.9	82.5
73.5	74.0	74.5	75.0	75.5	76.0	76.5	77.0	77.6	78.1	78.6	79.1	79.6	80.1	80.6	81.1	81.6	82.2
73.2	73.7	74.2	74.7	75.2	75.7	76.2	76.7	77.2	77.8	78.3	78.8	79.3	79.8	80.3	80.8	81.3	81.9
72.8	73.3	73.8	74.4	74.9	75.4	75.9	76.4	76.9	77.4	78.0	78.5	79.0	79.5	80.0	80.5	81.0	81.6
72.5	73.0	73.5	74.0	74.6	75.1	75.6	76.1	76.6	77.2	77.7	78.2	78.7	79.2	79.7	80.2	80.7	81.2
72.1	72.6	73.2	73.7	74.2	74.8	75.3	75.8	76.3	76.8	77.4	77.9	78.4	78.9	79.4	79.9	80.4	81.0
71.8	72.3	72.8	73.4	73.9	74.4	75.0	75.5	76.0	76.6	77.1	77.6	78.1	78.6	79.1	79.6	80.1	80.6
71.5	72.0	72.5	73.0	73.6	74.2	74.7	75.2	75.7	76.2	76.8	77.3	77.8	78.3	78.8	79.3	79.8	80.3
71.2	71.7	72.2	72.7	73.2	73.8	74.3	74.8	75.4	76.0	76.5	77.0	77.4	77.9	78.4	79.0	79.5	80.0

酒精度與溫度校正表

溶液溫度 (°C)	酒精計示值															
	85.0	85.5	86.0	86.5	87.0	87.5	88.0	88.5	89.0	89.5	90.0	90.5	91.0	91.5	92.0	92.5
	溫度20°C時用容積百分數表示的酒精濃度															
10	87.7	88.2	88.7	89.2	89.6	90.1	90.6	91.0	91.5	92.0	92.5	92.9	93.4	93.9	94.3	94.8
11	87.5	88.0	88.4	88.9	89.4	89.9	90.3	90.8	91.3	91.8	92.2	92.7	93.2	93.6	94.1	94.6
12	87.2	87.7	88.2	88.6	89.1	89.6	90.1	90.6	91.0	91.5	92.0	92.5	92.9	93.4	93.9	94.4
13	86.9	87.4	87.9	88.4	88.9	89.3	89.8	90.3	90.8	91.3	91.7	92.2	92.7	93.2	93.6	94.1
14	86.7	87.1	87.6	88.1	88.6	89.1	89.6	90.1	90.5	91.0	91.5	92.0	92.5	92.9	93.4	93.9
15	86.4	86.9	87.4	87.9	88.3	88.8	89.3	89.8	90.3	90.8	91.3	91.7	92.2	92.7	93.2	93.7
16	86.1	86.6	87.1	87.6	88.1	88.6	89.0	89.5	90.0	90.5	91.0	91.5	92.0	92.5	93.0	93.4
17	85.8	86.3	86.8	87.3	87.8	88.1	88.8	89.3	89.8	90.3	90.8	91.2	91.7	92.2	92.7	93.2
18	85.6	86.1	86.5	87.0	87.5	87.8	88.5	89.0	89.5	90.0	90.5	91.0	91.5	91.9	92.5	93.0
19	85.3	85.8	86.3	86.8	87.3	67.6	88.3	88.8	89.3	89.8	90.2	90.8	91.2	91.7	92.2	92.7
20	85.0	85.5	86.0	86.5	87.0	87.5	88.0	88.6	89.0	89.5	90.0	90.5	91.0	91.5	92.0	92.5
21	84.7	85.2	85.7	86.2	86.7	87.2	87.7	88.2	88.7	89.2	89.7	90.2	90.7	91.2	91.8	92.2
22	84.4	84.9	85.4	85.9	86.4	86.9	87.4	88.0	88.5	89.0	89.5	90.0	90.5	91.0	91.5	92.0
23	84.1	84.6	85.1	85.7	86.2	86.7	87.2	87.7	88.2	88.7	89.2	89.7	90.2	90.7	91.3	91.8
24	83.8	84.4	84.9	85.4	85.9	86.4	86.9	87.4	87.9	88.4	89.0	89.5	90.0	90.5	91.0	91.5
25	83.6	84.1	84.6	85.1	85.6	86.1	86.6	87.1	87.7	88.2	88.7	89.2	89.7	90.2	90.7	91.3
26	83.3	83.8	84.3	84.8	85.3	85.8	86.3	86.9	87.4	87.9	88.4	88.9	89.4	90.0	90.5	91.0
27	83.0	83.5	84.0	84.5	85.0	85.5	86.1	86.6	87.1	87.6	88.1	88.7	89.2	89.7	90.2	90.7
28	82.7	83.2	83.7	84.2	84.7	85.3	85.8	86.3	86.8	87.3	87.9	88.4	88.9	89.4	90.0	90.5
29	82.4	82.9	83.4	83.9	84.4	85.0	85.5	86.0	86.5	87.1	87.6	88.1	88.6	89.2	89.7	90.2
30	82.1	82.6	83.1	83.6	84.2	84.7	85.2	85.7	86.3	86.8	87.3	87.8	88.4	88.9	89.4	90.0
31	81.8	82.3	82.8	83.4	83.9	84.4	84.9	85.4	86.0	86.5	87.0	87.6	88.1	88.6	89.1	89.6
32	81.5	82.0	82.5	83.0	83.6	84.1	84.6	85.2	85.7	86.2	86.7	87.3	87.9	88.4	88.9	89.4
33	81.2	81.7	82.2	82.8	83.3	83.8	84.3	84.8	85.4	86.0	86.5	87.0	87.6	88.1	88.6	89.2
34	80.9	81.4	81.9	82.4	83.0	83.5	84.0	84.6	85.1	85.6	86.2	86.8	87.4	87.9	88.4	89.0
35	80.6	81.1	81.6	82.2	82.8	83.3	83.8	84.3	84.8	85.4	85.9	86.5	87.1	87.6	88.1	88.6

酒	精	計	示	值										
93.0	93.5	94.0	94.5	95.0	95.5	96.0	96.5	97.0	97.5	98.0	98.5	99.0	99.5	100.0
溫度20℃時用容積百分數表示的酒精濃度														
95.2	95.7	96.2	96.6	97.1	97.5	98.0	98.4	98.9	99.3	99.7				
95.0	95.5	96.0	96.4	96.9	97.3	97.8	98.2	98.7	99.1	99.6	100.0			
94.8	95.3	95.7	96.2	96.7	97.1	97.6	98.0	98.5	99.0	99.4	99.8			
94.6	95.1	95.5	96.0	96.5	96.9	97.4	97.9	98.3	98.8	99.2	99.7			
94.4	94.8	95.3	95.8	96.3	96.7	97.2	97.7	98.1	98.6	99.1	99.5	100.0		
94.2	94.6	95.1	95.6	96.1	96.5	97.0	97.5	98.0	98.4	98.9	99.4	99.8		
93.9	94.4	94.9	95.4	95.9	96.3	96.8	97.3	97.8	98.2	98.7	99.2	99.7		
93.7	94.3	94.7	95.2	95.6	96.1	96.6	97.1	97.6	98.1	98.6	99.0	99.5	100.0	
93.5	94.0	94.4	94.9	95.4	95.9	96.4	96.9	97.4	97.9	98.3	98.9	99.3	99.8	
93.2	93.7	94.2	94.7	95.2	95.7	96.2	96.7	97.2	97.7	98.2	98.7	99.2	99.7	
93.0	93.5	94.0	94.5	95.0	95.5	96.0	96.5	97.0	97.5	98.0	98.5	99.0	99.5	100.0
92.8	93.3	93.8	94.3	94.8	95.3	95.8	96.3	96.8	97.3	97.8	98.3	98.8	99.3	99.8
92.5	93.0	93.5	94.0	94.6	95.1	95.6	96.1	96.6	97.1	97.6	98.1	98.6	99.2	99.7
92.3	92.8	93.3	93.8	94.3	94.8	95.4	95.9	96.4	96.9	97.4	97.9	98.5	99.0	99.5
92.0	92.6	93.1	93.6	94.1	94.6	95.1	95.6	96.2	96.7	97.2	97.7	98.3	98.8	99.3
91.8	92.3	92.8	93.3	93.9	94.4	94.9	95.3	96.0	96.5	97.0	97.6	98.1	98.6	99.2
91.5	92.1	92.6	93.1	93.6	94.2	94.7	95.2	95.8	96.3	96.8	97.4	97.9	98.4	99.0
91.3	91.8	92.3	92.9	93.4	93.9	94.5	95.0	95.5	96.1	96.6	97.2	97.7	98.3	98.8
91.0	91.6	92.1	92.6	93.1	93.7	94.2	94.8	95.3	95.8	96.4	97.0	97.5	98.1	98.6
90.8	91.3	91.8	92.4	92.9	93.4	94.0	94.5	95.1	95.6	96.2	96.7	97.3	97.9	98.4
90.5	91.0	91.6	92.1	92.7	93.2	93.8	94.3	94.8	95.4	96.0	96.5	97.1	97.7	98.3
90.2	90.8	91.4	92.0	92.5	93.0	93.6	94.1	94.6	95.2	95.8	96.4	96.9	97.5	98.1
90.0	90.6	91.1	91.6	92.2	92.8	93.4	93.9	94.4	95.0	95.6	96.2	96.7	97.4	98.0
89.8	90.4	90.9	91.4	92.0	92.6	93.1	93.6	94.1	94.8	95.4	96.0	96.5	97.2	97.8
89.5	90.0	90.6	91.2	91.8	92.4	92.9	93.4	93.9	94.6	95.2	95.8	96.3	97.0	97.6
89.2	89.8	90.4	91.0	91.6	92.2	92.7	93.2	93.7	94.4	95.0	95.6	96.2	96.8	97.4

〈產製私菸及私酒供自用免罰之數量限制〉

財政部 公告

發文日期：中華民國 99 年 3 月 5 日

發文字號：台財庫字第 09903504870 號

主旨：修正「產製私菸及私酒供自用不罰之數量限制」，並自即日生效。

依據：菸酒管理法第四十六條第二項及第三項規定。

公告事項：

一、產製私菸、私酒未逾一定數量且供自用者，不罰。所稱「一定數量」如下：

（一）產製私菸之成品及半成品合計每戶五公斤。

（二）產製私酒之成品及半成品合計每戶一〇〇公升。

二、前點所稱之私酒半成品，酒精成分以容量計算未超過百分之〇·五者不計入；酒精成分以容量計算超過百分之〇·五且未經澄清過濾者，以數量之二分之一計算。

財政部 公告

發文日期：中華民國 101 年 11 月 26 日

發文字號：台財庫字第 10103736570 號

主旨：訂定「菸酒管理法第 46 條第 3 項輸入私菸及私酒之一定數量」，並自中華民國 102 年 1 月 1 日生效。

公告事項：

菸酒管理法第 46 條第 3 項所稱輸入私菸及私酒之一定數量如下：

一、菸：捲菸 5 條（1,000 支）、雪茄 125 支、菸絲 5 磅。

二、酒：5 公升。

醸酒

米酒、紅麴酒、小米酒、高粱酒、水果酒、蔬菜酒，釀造酒基礎篇

作　　者　徐茂揮·古麗麗
責任編輯　梁淑玲
攝　　影　吳金石
封面、內頁設計　葛雲
感謝贈品贊助　新好園家庭事業股份有限公司、
　　　　　　　霖寶貿易有限公司

總 編 輯　林麗文
副 總 編　梁淑玲、黃佳燕
主　　編　高佩琳
行銷企劃　林彥伶、朱妍靜
印　　務　江域平、李孟儒

社　　長　郭重興
發行人兼出版總監　曾大福
出　　版　幸福文化／遠足文化事業股份有限公司
地　　址　231 新北市新店區民權路 108-1 號 8 樓
粉 絲 團　https://www.facebook.com/Happyhappybooks/
電　　話　（02）2218-1417
傳　　真　（02）2218-8057
發　　行　遠足文化事業股份有限公司
地　　址　231 新北市新店區民權路 108-2 號 9 樓
電　　話　（02）2218-1417
傳　　真　（02）2218-1142
電　　郵　service@bookrep.com.tw
郵撥帳號　19504465
客服電話　0800-221-029
網　　址　www.bookrep.com.tw
印　　刷　通南彩色印刷有限公司
電　　話　（02）2221-3532
法律顧問　華洋法律事務所 蘇文生律師
初版七刷　2022 年 2 月
定　　價　450 元

國家圖書館出版品預行編目 (CIP) 資料

醸酒：米酒、紅麴酒、小米酒、高粱酒、
水果酒、蔬菜酒，釀造酒基礎篇 /
徐茂揮，古麗麗著；

　-- 初版 .-- 新北市：幸福文化出版：
遠足文化發行, 2015.11
面；　公分 .--（滿足館 Appetite；35）
ISBN 978-986-91054-7-7(平裝)

1. 製酒

463.81　　　　　　　104012650

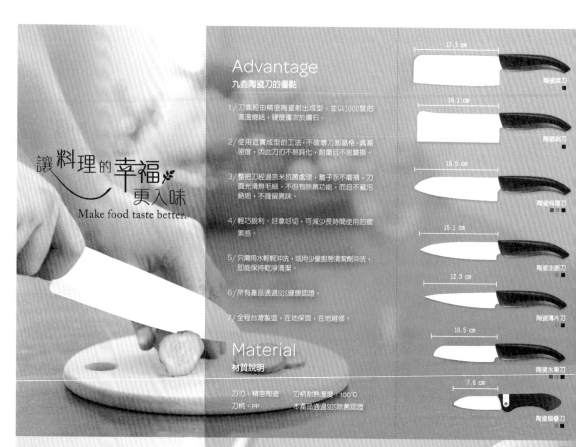

Advantage
九垚陶瓷刀的優點

1 / 刀面經由精密陶瓷射出成型,並以1000度的高溫燒結,硬度僅次於鑽石。

2 / 使用近實成型的工法,不破壞刀面晶格,具高密度,因此刀刃不易鈍化,耐磨且不易磨損。

3 / 整把刀經過奈米抗菌處理,離子永不磨損,刀面光滑無毛細,不但有除菌功能,而且不藏污納垢,不殘留異味。

4 / 輕巧銳利、好拿好切,可減少長時間使用的疲累感。

5 / 只需用水輕輕沖洗,或用少量廚房清潔劑沖洗,即能保持乾淨清潔。

6 / 所有產品通過SGS健康認證。

7 / 全程台灣製造,在地保固,在地維修。

Material
材質說明

刀刃:精密陶瓷　　刀柄耐熱溫度:100℃
刀柄:PP　　　　　本產品通過SGS除菌認證

17.3 cm — 陶瓷菜刀
16.1 cm — 陶瓷剁刀
16.5 cm — 陶瓷料理刀
15.1 cm — 陶瓷主廚刀
12.3 cm — 陶瓷薄片刀
10.5 cm — 陶瓷水果刀
7.6 cm — 陶瓷摺疊刀

讓料理的幸福更入味
Make food taste better.

享譽國際,榮受法國及義大利的品牌肯定,百分之百台灣製造的九垚陶瓷刀!提高您的生活品質,讓您的身體更健康,料理更美味!

製造商 九垚精密陶屬工業股份有限公司
ANOR Precision Ceramic Industrial Co., Ltd.

ADD 235 新北市中和連城路 192 號 2F
TEL 886-2-7731-2100 www.anor.com.tw
陶瓷刀官網 www.yao-88.com

CERAMIC KNIFE
九垚陶瓷刀系列

釀酒

dretec

電子料理秤

◀ 最大計量1kg
▶ 最大計量2kg

★液晶大螢幕
★不使用自動關機省電裝置
★自動歸零功能，亦有手動歸零按鈕
★可設定扣除容器重量

電子計時器

最大設定時間
99分59秒
最小設定時間
1秒

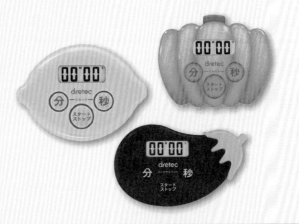

★可愛水果造型
★可記憶設定時間
★可以設定正數計時或倒數計時
★最大設定時間99分59秒，最小1秒
★背面磁鐵裝置

料理溫度計

防水設計
-10℃～300℃
溫度範圍

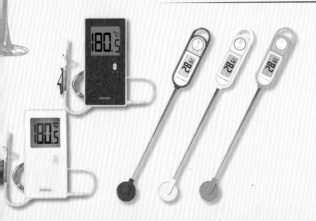

★防水構造設計。
★-10℃～300℃溫度測量範圍。
★自動斷電的節約能源設計。
★附安全針蓋。
★附壁掛環。

好禮大放送

您只要填好本書的「讀者回函卡」，
寄回本公司（直接投郵），就有機會
免費得到 40 項好禮。

獎項內容

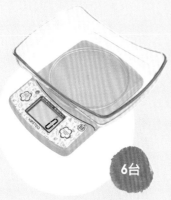

6台

4組

30支

品名｜KOSTEQ 福爾摩莎
　　　多功能廚房料理秤
　　　（附盆／3kg）
材質｜ABS 樹脂（本體）
　　　AS 樹脂（秤盆）、玻璃（螢幕）
重量｜3KG/5TG
價格｜1,450 元／台

品名｜Terraillon 倫波諾
　　　濾水壺（鮮紅色）
　　　（2.1L／附濾芯 X1）
尺寸｜25cm
材質｜ABS 樹脂、交換樹脂
　　　活性炭材、玻璃（螢幕）
價格｜1,380 元／支

品名｜九垚陶瓷料理刀
尺寸｜25cm
材質｜PP（刀柄）
　　　精密陶瓷（刀刃）
價格｜1,000 元／支

參加辦法

只需填好本書的「讀者回函卡」（免貼郵票，直接投郵），在 2015 年 1 月 31 日（以郵戳為憑）
以前寄回【幸福文化】，本公司將抽出 12 名幸運讀者，得獎名單將在 2016 年 2 月 22 日公佈於——
共和國網站 http://www.bookrep.com.tw 幸福文化部落格 http://mavis57168.pixnet.net/blog
幸福文化粉絲團 http://www.facebook.com/happinessbookrep

＊以上獎項，非常感謝「新好園家庭事業股份有限公司」、「霖寶貿易有限公司」KOSMART 贊助。

讀者回函卡

感謝您購買本公司出版的書籍，您的建議就是幸福文化前進的原動力。請撥冗填寫此卡，我們將不定期提供您最新的出版訊息與優惠活動。您的支持與鼓勵，將使我們更加努力製作出更好的作品。

讀者資料

● 姓名：＿＿＿＿＿＿　● 性別：□男　□女　● 出生年月日：民國＿＿年＿＿月＿＿日

● E-mail：＿＿＿＿＿＿＿＿＿＿＿＿＿＿＿＿＿＿＿

● 地址：□□□□□＿＿＿＿＿＿＿＿＿＿＿＿＿＿＿＿＿

● 電話：＿＿＿＿＿＿＿　手機：＿＿＿＿＿＿＿　傳真：＿＿＿＿＿＿＿

● 職業：□學生□生產、製造□金融、商業□傳播、廣告□軍人、公務□教育、文化
□旅遊、運輸□醫療、保健□仲介、服務□自由、家管□其他

購書資料

1. 您如何購買本書？□一般書店（　　縣市　　書店）
　□網路書店（　　書店）□量販店　□郵購　□其他

2. 您從何處知道本書？□一般書店　□網路書店（　　書店）　□量販店
　□報紙　□廣播　□電視　□朋友推薦　□其他

3. 您通常以何種方式購書（可複選）？□逛書店　□逛量販店　□網路　□郵購
　□信用卡傳真　□其他

4. 您購買本書的原因？□喜歡作者　□對內容感興趣　□工作需要　□其他

5. 您對本書的評價：（請填代號 1.非常滿意　2.滿意　3.尚可　4.待改進）
　□定價　□內容　□版面編排　□印刷　□整體評價

6. 您的閱讀習慣：□生活風格　□休閒旅遊　□健康醫療　□美容造型　□兩性
　□文史哲　□藝術　□百科　□圖鑑　□其他

7. 您最喜歡哪一類的飲食書：□食譜　□飲食文學　□美食導覽　□圖鑑
　□百科　□其他

8. 您對本書或本公司的建議：
＿＿＿＿＿＿＿＿＿＿＿＿＿＿＿＿＿＿＿＿＿＿＿＿＿＿＿＿
＿＿＿＿＿＿＿＿＿＿＿＿＿＿＿＿＿＿＿＿＿＿＿＿＿＿＿＿
＿＿＿＿＿＿＿＿＿＿＿＿＿＿＿＿＿＿＿＿＿＿＿＿＿＿＿＿
＿＿＿＿＿＿＿＿＿＿＿＿＿＿＿＿＿＿＿＿＿＿＿＿＿＿＿＿